Anita Dorfmayr · Wilhelm Haller · August Mistlbacher · Edeltraud Schwaiger

thema mathematik

Schularbeiten

6

Probeschularbeiten und Übungsaufgaben

VERITAS
Gemeinsam besser lernen

Inhaltsverzeichnis

Liebe Schülerin, lieber Schüler!

Der vorliegende Band enthält vier exemplarische 2-stündige Schularbeiten für die 6. Klasse AHS. Außerdem findest du weitere Übungsaufgaben zu den Grundkompetenzen laut Konzept für die standardisierte Reifeprüfung (kurz sRP-Konzept)[1] sowie zum darüberhinausgehenden Lehrstoff der 6. Klasse (lehrplankonforme Grundkompetenzen, geordnet nach den Kapiteln des Schulbuchs *Thema Mathematik 6*).

Alle Schularbeiten sind 2-stündig konzipiert und mit einer Checkliste für den jeweiligen Schularbeitsstoff versehen.

Jede Schularbeit enthält zwölf Aufgaben zu sRP- und lehrplankonformen Grundkompetenzen. Bei diesen Aufgaben werden ausschließlich sRP-Aufgabenformate verwendet (Lückentext, Multiple-Choice-Aufgabe, Zuordnungsaufgabe, offene bzw. halboffene Aufgabe, Konstruktionsaufgabe). Die Schularbeiten bestehen – genau wie die standardisierte schriftliche Reifeprüfung – aus zwei Teilen, die in zeitlicher Abfolge getrennt voneinander vorzulegen und zu bearbeiten sind:

- Teil 1 besteht aus 12 typ-1-artigen Aufgaben zu sRP- und lehrplankonformen Grundkompetenzen. Bei diesen Aufgaben werden ausschließlich sRP-Aufgabenformate verwendet.
  Arbeitszeit: 45-55 Minuten
- Teil 2 besteht aus traditionellen Schularbeitsbeispielen und vermehrt typ-2-artigen Aufgaben wie bei der standardisierten schriftlichen Reifeprüfung.

Der Einsatz von Technologie ist wünschenswert. Die Entscheidung darüber wird von den Mathematiklehrerinnen und -lehrern an deiner Schule getroffen.

Wesentlicher Inhalt dieses Bandes ist der ausführliche *Lösungsteil* für alle Schularbeits- und Übungsaufgaben, den du am Ende des Bandes findest. Durchgerechnete Beispiele und weitere Hinweise unterstützen dich beim Lernen.

Bezüglich der *Beurteilung* sind die Schularbeiten auf eine Zweiteilung ausgelegt, welche dem Konzept der standardisierten schriftlichen Reifeprüfung folgt: Jede Aufgabe in Teil 1 wird mit 0 Punkten oder 1 Punkt bewertet. Die vorgeschlagene Punktezahl für die Aufgaben aus Teil 2 findest du direkt bei der jeweiligen Aufgabenstellung. Die Schularbeit ist nur dann positiv zu werten, wenn mindestens 8 typ-1-artige Aufgaben (Aufgaben aus Teil 1 oder mit A (Ausgleichungspunkt) gekennzeichnete Aufgaben aus Teil 2) gelöst werden. Für eine positiv zu beurteilende Schularbeit mit Zweiteilung schlagen wir folgenden Beurteilungsschlüssel vor:

Sehr gut	21 - 24 Punkte
Gut	17 - 20 Punkte
Befriedigend	12 - 16 Punkte
Genügend	8 - 11 Punkte

Die Beurteilung kann von deiner Lehrerin/deinem Lehrer auch anders gehandhabt werden.

Ziel dieses Bandes ist, dich beim eigenverantwortlichen Lernen für die Schularbeiten zu unterstützen. Er soll dir aber auch beim nachhaltigen Aufbau der Grundkompetenzen, soweit sie die 6. Klasse AHS betreffen, helfen.

Wir wünschen dir beim Arbeiten mit *Thema Mathematik 6. Schularbeiten* viele Aha-Erlebnisse und viel Erfolg beim Anwenden deiner so erworbenen Kompetenzen bei den Prüfungen!

Das Autorenteam

[1] BIFIE (Hg.): Die standardisierte schriftliche Reifeprüfung in Mathematik. Inhaltliche und organisatorische Grundlagen zur Sicherung mathematischer Grundkompetenzen (Stand Oktober 2015).
https://www.srdp.at/downloads/

Erweiterte Grundkompetenzen für die 6. Klasse AHS

Die folgende Liste fasst alle *mathematischen Grundkompetenzen* zusammen, die du dir bis zum Ende der 6. Klasse aneignen solltest, da du diese langfristig benötigen wirst. Diese Liste umfasst:

(1) die Grundkompetenzen, die gezielt im Teil 1 der schriftlichen Reifeprüfung überprüft werden, z. B.
AG-**R** 1.1 **R**eifeprüfungs-Grundkompetenz aus dem Inhaltsbereich *Algebra und Geometrie (AG)*
(2) jene Grundkompetenzen, die im Rahmen des Lehrplans wesentlich sind, z. B.
AG-**L** 1.3 **L**ehrplan-Grundkompetenz aus dem Inhaltsbereich *Algebra und Geometrie (AG)*

Inhaltsbereich: Algebra und Geometrie (AG)

Grundbegriffe der Algebra

AG-R 1.1	Wissen über die Zahlenmengen $\mathbb{N}, \mathbb{Z}, \mathbb{Q}, \mathbb{R}, \mathbb{C}$ verständig einsetzen können	O
AG-R 1.2	Wissen über algebraische Begriffe angemessen einsetzen können: Variable, Terme, Formeln, (Un-)Gleichungen, Gleichungssysteme, Äquivalenz, Umformungen, Lösbarkeit	O
AG-L 1.3	Mit Aussagen und Mengen umgehen können	O
AG-L 1.4	Zahlen in einem nichtdekadischen Zahlensystem darstellen können	O

(Un-)Gleichungen und Gleichungssysteme

AG-R 2.1	Einfache Terme und Formeln aufstellen, umformen und im Kontext deuten können	O
AG-R 2.2	Lineare Gleichungen aufstellen, interpretieren, umformen / lösen und die Lösung im Kontext deuten können	O
AG-R 2.3	Quadratische Gleichungen in einer Variablen umformen / lösen, über Lösungsfälle Bescheid wissen, Lösungen und Lösungsfälle (auch geometrisch) deuten können	O
AG-R 2.4	Lineare Ungleichungen aufstellen, interpretieren, umformen / lösen, Lösungen (auch geometrisch) deuten können	O
AG-R 2.5	Lineare Gleichungssysteme in zwei Variablen aufstellen, interpretieren, umformen / lösen, über Lösungsfälle Bescheid wissen, Lösungen und Lösungsfälle (auch geometrisch) deuten können	O
AG-L 2.6	Den Satz von Vieta kennen und anwenden können	O
AG-L 2.7	Lineare Gleichungssysteme in drei Variablen lösen können	O

Vektoren und analytische Geometrie

AG-R 3.1	Vektoren als Zahlentupel verständig einsetzen und im Kontext deuten können	O
AG-R 3.2	Vektoren geometrisch (als Punkte bzw. Pfeile) deuten und verständig einsetzen können	O
AG-R 3.3	Definition der Rechenoperationen mit Vektoren (Addition, Multiplikation mit einem Skalar, Skalarmultiplikation) kennen, Rechenoperationen verständig einsetzen und (auch geometrisch) deuten können	O
AG-R 3.4	Geraden durch (Parameter-)Gleichungen in $\mathbb{R}^2$ und $\mathbb{R}^3$ angeben können, Geradengleichungen interpretieren können, Lagebeziehungen (zwischen Geraden und zwischen Punkt und Gerade) analysieren, Schnittpunkte ermitteln können	O
AG-R 3.5	Normalvektoren in $\mathbb{R}^2$ aufstellen, verständig einsetzen und interpretieren können	O
AG-L 3.6	Die geometrische Bedeutung des Skalarprodukts kennen und den Winkel zwischen zwei Vektoren ermitteln können	O
AG-L 3.7	Einheitsvektoren ermitteln, verständig einsetzen und interpretieren können	O
AG-L 3.8	Definition des vektoriellen Produkts und seine geometrische Bedeutung kennen	O
AG-L 3.9	Wissen, wodurch Ebenen festgelegt sind; Ebenen in Parameter- und Normalvektordarstellung aufstellen können	O

Trigonometrie

AG-R 4.1	Definitionen von Sinus, Cosinus und Tangens im rechtwinkligen Dreieck kennen und zur Auflösung rechtwinkliger Dreiecke einsetzen können	O
AG-R 4.2	Definitionen von Sinus und Cosinus für Winkel größer als 90° kennen und einsetzen können	O
AG-L 4.3	Einfache Berechnungen an allgemeinen Dreiecken, an Figuren und Körpern (auch mittels Sinus- und Cosinussatz) durchführen können	O
AG-L 4.4	Polarkoordinaten kennen und einsetzen können	O

Inhaltsbereich: Funktionale Abhängigkeiten (FA)

Funktionsbegriff, reelle Funktionen, Darstellungsformen und Eigenschaften

FA-R 1.1	Für gegebene Zusammenhänge entscheiden können, ob man sie als Funktionen betrachten kann	O
FA-R 1.2	Formeln als Darstellung von Funktionen interpretieren und dem Funktionstyp zuordnen können	O
FA-R 1.3	Zwischen tabellarischen und grafischen Darstellungen funktionaler Zusammenhänge wechseln können	O
FA-R 1.4	Aus Tabellen, Graphen und Gleichungen von Funktionen Werte(paare) ermitteln und im Kontext deuten können	O
FA-R 1.5	Eigenschaften von Funktionen erkennen, benennen, im Kontext deuten und zum Erstellen von Funktionsgraphen einsetzen können: Monotonie, Monotoniewechsel (lokale Extrema), Wendepunkte, Periodizität, Achsensymmetrie, asymptotisches Verhalten, Schnittpunkte mit den Achsen	O
FA-R 1.6	Schnittpunkte zweier Funktionsgraphen grafisch und rechnerisch ermitteln und im Kontext interpretieren können	O
FA-R 1.7	Funktionen als mathematische Modelle verstehen und damit verständig arbeiten können	O
FA-R 1.8	Durch Gleichungen (Formeln) gegebene Funktionen mit mehreren Veränderlichen im Kontext deuten können, Funktionswerte ermitteln können	O
FA-R 1.9	Einen Überblick über die wichtigsten (unten angeführten) Typen mathematischer Funktionen geben, ihre Eigenschaften vergleichen können	O

Lineare Funktion $f(x) = k \cdot x + d$

FA-R 2.1	Verbal, tabellarisch, grafisch oder durch eine Gleichung (Formel) gegebene lineare Zusammenhänge als lineare Funktionen erkennen bzw. betrachten können, zwischen diesen Darstellungsformen wechseln können	O
FA-R 2.2	Aus Tabellen, Graphen und Gleichungen linearer Funktionen Werte(paare) sowie die Parameter k und d ermitteln und im Kontext deuten können	O
FA-R 2.3	Die Wirkung der Parameter k und d kennen und die Parameter in unterschiedlichen Kontexten deuten können	O
FA-R 2.4	Charakteristische Eigenschaften kennen und im Kontext deuten können: $f(x+1) = f(x) + k;\ \frac{f(x_2) - f(x_1)}{x_2 - x_1} = k = f'(x)$	O
FA-R 2.5	Die Angemessenheit einer Beschreibung mittels linearer Funktion bewerten können	O
FA-R 2.6	Direkte Proportionalität als lineare Funktion vom Typ $f(x) = k \cdot x$ beschreiben können	O

Potenzfunktion $f(x) = a \cdot x^z + b$ oder $f(x) = a \cdot x^{\frac{1}{2}} + b$

FA-R 3.1 Verbal, tabellarisch, grafisch oder durch eine Gleichung (Formel) gegebene Zusammenhänge dieser Art als entsprechende Potenzfunktionen erkennen bzw. betrachten können, zwischen diesen Darstellungsformen wechseln können ○

FA-R 3.2 Aus Tabellen, Graphen und Gleichungen von Potenzfunktionen Werte(paare) sowie die Parameter a und b ermitteln und im Kontext deuten können ○

FA-R 3.3 Die Wirkung der Parameter a und b kennen und die Parameter im Kontext deuten können ○

FA-R 3.4 Indirekte Proportionalität als Potenzfunktion vom Typ $f(x) = \frac{a}{x}$ (bzw. $f(x) = a \cdot x^{-1}$) beschreiben können ○

Polynomfunktion $f(x) = \sum_{i=0}^{n} a_i \cdot x^i$ mit $n \in \mathbb{N}$

FA-R 4.1 Typische Verläufe von Graphen in Abhängigkeit vom Grad der Polynomfunktion (er)kennen ○

FA-R 4.2 Zwischen tabellarischen und grafischen Darstellungen von Zusammenhängen dieser Art Wechseln können ○

FA-R 4.3 Aus Tabellen, Graphen und Gleichungen von Polynomfunktionen Funktionswerte, aus Tabellen und Graphen sowie aus einer quadratischen Funktionsgleichung Argumentwerte ermitteln können ○

FA-R 4.4 Den Zusammenhang zwischen dem Grad der Polynomfunktion und der Anzahl der Null-, Extrem- und Wendestellen wissen (Grundkompetenz der 7. Klasse / 5. Semester) ○

Exponentialfunktion $f(x) = a \cdot b^x$ bzw. $f(x) = a \cdot e^{\lambda \cdot x}$ mit $a, b \in \mathbb{R}^+$, $\lambda \in \mathbb{R}$

FA-R 5.1 Verbal, tabellarisch, grafisch oder durch eine Gleichung (Formel) gegebene exponentielle Zusammenhänge als Exponentialfunktion erkennen bzw. betrachten können; zwischen diesen Darstellungsformen wechseln können ○

FA-R 5.2 Aus Tabellen, Graphen und Gleichungen von Exponentialfunktionen Werte(paare) ermitteln und im Kontext deuten können ○

FA-R 5.3 Die Wirkung der Parameter a und b (bzw. λ) kennen und die Parameter in unterschiedlichen Kontexten deuten können ○

FA-R 5.4 Charakteristische Eigenschaften [$f(x + 1) = b \cdot f(x)$; $(e^x)' = e^x$] kennen und im Kontext deuten können ○

FA-R 5.5 Die Begriffe Halbwertszeit und Verdoppelungszeit kennen, die entsprechenden Werte berechnen und im Kontext deuten können ○

FA-R 5.6 Die Angemessenheit einer Beschreibung mittels Exponentialfunktion bewerten können ○

Sinusfunktion, Cosinusfunktion

FA-R 6.1 Grafisch oder durch eine Gleichung (Formel) gegebene Zusammenhänge der Art $f(x) = a \cdot \sin(b \cdot x)$ als allgemeine Sinusfunktion erkennen bzw. betrachten können; zwischen diesen Darstellungsformen wechseln können ○

FA-R 6.2 Aus Graphen und Gleichungen von allgemeinen Sinusfunktionen Werte(paare) ermitteln und im Kontext deuten können ○

FA-R 6.3 Die Wirkung der Parameter a und b kennen und die Parameter im Kontext deuten können ○

FA-R 6.4 Periodizität als charakteristische Eigenschaft kennen und im Kontext deuten können ○

FA-R 6.5 Wissen, dass $\cos(x) = \sin(x + \frac{\pi}{2})$ ○

Folgen

FA-L 7.1	Zahlenfolgen (insbesondere arithmetische und geometrische Folgen) durch explizite und rekursive Bildungsgesetze beschreiben und graphisch darstellen können	○
FA-L 7.2	Zahlenfolgen als Funktionen über $\mathbb{N}$ bzw. $\mathbb{N}^*$ auffassen können, insbesondere arithmetische Folgen als lineare Funktionen und geometrische Folgen als Exponentialfunktion	○
FA-L 7.3	Definitionen monotoner und beschränkter Folgen kennen und anwenden können	○
FA-L 7.4	Grenzwerte von einfachen Folgen ermitteln können	○

Reihen

FA-L 8.1	Endliche arithmetische und geometrische Reihen kennen und ihre Summen berechnen können	○
FA-L 8.2	Den Begriff Summe einer unendlichen Reihe definieren können	○
FA-L 8.3	Summen konvergenter geometrischer Reihen berechnen können	○
FA-L 8.4	Folgen und Reihen zur Beschreibung diskreter Prozesse in anwendungsorientierten Bereichen einsetzen können	○

Inhaltsbereich: Analysis (AN)

Änderungsmaße

AN-R 1.1	Absolute und relative (prozentuelle) Änderungsmaße unterscheiden und angemessen verwenden können	○
AN-R 1.3	Den Differenzen- und Differentialquotienten in verschiedenen Kontexten deuten und entsprechende Sachverhalte durch den Differenzen- bzw. Differentialquotienten beschreiben können	○

Inhaltsbereich: Wahrscheinlichkeit und Statistik (WS)

Beschreibende Statistik

WS-R 1.1	Werte aus tabellarischen und elementaren grafischen Darstellungen ablesen (bzw. zusammengesetzte Werte ermitteln) und im jeweiligen Kontext angemessen interpretieren können	○
WS-R 1.2	Tabellen und einfache statistische Grafiken erstellen, zwischen Darstellungsformen wechseln können	○
WS-R 1.3	Statistische Kennzahlen (absolute und relative Häufigkeiten, arithmetisches Mittel, Median, Modus, Quartile, Spannweite, empirische Varianz/Standardabweichung) im jeweiligen Kontext interpretieren können; die angeführten Kennzahlen für einfache Datensätze ermitteln können	○
WS-R 1.4	Definition und wichtige Eigenschaften des arithmetischen Mittels und des Medians angeben und nutzen, Quartile ermitteln und interpretieren können, die Entscheidung für die Verwendung einer bestimmten Kennzahl begründen können	○

Wahrscheinlichkeitsrechnung – Grundbegriffe

WS-R 2.1	Grundraum und Ereignisse in angemessenen Situationen verbal bzw. formal angeben können	○
WS-R 2.2	Relative Häufigkeit als Schätzwert von Wahrscheinlichkeit verwenden und anwenden können	○
WS-R 2.3	Wahrscheinlichkeit unter der Verwendung der Laplace-Annahme (Laplace-Wahrscheinlichkeit) berechnen und interpretieren können, Additionsregel und Multiplikationsregel anwenden und interpretieren können	○
WS-L 2.5	Bedingte Wahrscheinlichkeiten kennen, berechnen und interpretieren können	○
WS-L 2.6	Entscheiden können, ob ein Ereignis von einem anderen Ereignis abhängt oder von diesem unabhängig ist	○

1. Schularbeit

Schularbeitsstoff – Lernziele

Kapitel 1: Potenzen, Wurzeln, Logarithmen

Potenzen mit natürlichen und ganzzahligen Exponenten verständig einsetzen	AG-R 2.1	O
Potenzen mit rationalen Exponenten als Wurzeln darstellen und verständig einsetzen	AG-R 2.1	O
Potenzen mit reellen Exponenten definieren		O
Terme mit Logarithmen vereinfachen und Exponentialgleichungen lösen	AG-R 2.1	O
Potenzen, Wurzeln und Logarithmen in verschiedenen Kontexten anwenden	AG-R 2.1	O

Kapitel 2: Ungleichungen

Ungleichungen aufstellen, interpretieren und lösen	AG-R 2.4	O
Lineare Ungleichungen und Ungleichungssysteme lösen und die Lösungen grafisch veranschaulichen	AG-R 2.4	O
Lineare Ungleichungen und Betragsungleichungen durch Fallunterscheidung lösen	AG-R 2.4	O
Quadratische Ungleichungen durch Fallunterscheidung und grafisch lösen		O

Kapitel 3: Reelle Funktionen

Nullstellen und Fixpunkte von Funktionen aus verschiedenen Darstellungsformen ermitteln	FA-R 1.5	O
Monotonie und Extrempunkte einer Funktion beschreiben und interpretieren	FA-R 1.5	O
Symmetrie und Periodizität einer Funktion beschreiben und interpretieren	FA-R 1.5	O
Zusammenhang zwischen Funktion und Umkehrfunktion kennen und begründen		O

Übe für diese Schularbeit

weitere Aufgaben zu den Grundkompetenzen:
AG-R 2.1, AG-R 2.4, FA-R 1.5
(siehe Übungsaufgaben ab Seite 42)

Name: ______________________________ Klasse:_________ 1. Schularbeit am ___________

Teil 1

1. Aufgabe

AG-R 2.1 *1 Punkt*

Gegeben ist die Gleichung $a^b = c$.

Kreuze die zutreffende(n) Aussage(n) an!

c ist der Wert einer Potenz.	☒
b ist der Exponent einer Potenz.	☒
b ist die Hochzahl einer Potenz.	☒
a ist die Basis einer Potenz.	☒
c ist der Exponent einer Potenz.	○

2. Aufgabe

AG-R 2.1 *1 Punkt*

Kreuze die beiden richtigen Aussagen an!

Zwei Potenzen mit gleicher Basis a werden multipliziert, indem man die Exponenten multipliziert.	○
Das Quadrat einer Potenz mit der Basis a und dem Exponenten n erhält man, indem man den Exponenten n verdoppelt.	☒
Potenzen mit unterschiedlichen Basen und gleichem Exponenten n werden multipliziert, indem man die Basen multipliziert und die Exponenten unverändert lässt.	☒
Die Zahl 1 kann nicht als Potenz einer bestimmten Basis a angeschrieben werden.	■
Potenzen mit unterschiedlichen Basen und unterschiedlichen Exponenten werden multipliziert, indem man die Basen multipliziert und die Exponenten addiert.	○

3. Aufgabe

AG-R 2.1 *1 Punkt*

Ergänze die Textlücken im folgenden Satz durch Ankreuzen der jeweils richtigen Satzteile so, dass eine korrekte Aussage entsteht!

Die Hochzahl x, mit der man a potenzieren muss, um b zu erhalten heißt ____(1)____ von b zur Basis a und wird mit ____(2)____ bezeichnet.

(1)	
○	Potenz
☒	Logarithmus
○	Basis

(2)	
☒	$\log_a b$
○	$\log_x b$
○	$\log_b a$

Name: ______________________________ Klasse:_________ 1. Schularbeit am ___________

4. Aufgabe AG-R 2.1 *1 Punkt*

Welche dieser Wurzelausdrücke stellen ganze Zahlen dar?

Kreuze alle Wurzelausdrücke an, die ganze Zahlen darstellen!

$-\sqrt[3]{8}$	☒
$\sqrt{8}$	○
$\frac{\sqrt{8}}{\sqrt{16}}$	○
$-\frac{\sqrt[3]{8}}{\sqrt[3]{4}}$	○
$\sqrt[3]{4} \cdot \sqrt[3]{16}$	☒

5. Aufgabe AG-R 2.1 *1 Punkt*

Ordne jedem Term den äquivalenten Term (aus A bis F) zu!

$\frac{1}{\sqrt[3]{x^2}}$	D	A	$x^{-\frac{1}{6}}$
$\sqrt{x^3}$	E	B	x^{-6}
$\left(\frac{1}{x^2}\right)^3$	B	C	$x^{\frac{2}{3}}$
$\frac{\sqrt[3]{x}}{\sqrt{x}}$	A	D	$x^{-\frac{2}{3}}$
		E	$x^{\frac{3}{2}}$
		F	$x^{-\frac{3}{2}}$

6. Aufgabe AG-R 2.4 *1 Punkt*

In einer Klasse gibt es viel mehr Mädchen als Burschen, so dass gilt: M > 3B, wobei M für die Anzahl der Mädchen und B für die Anzahl der Burschen dieser Klasse steht.

Welche der folgenden Aussagen stimmt bei 5 Burschen in der Klasse? Kreuze die richtige an!

Es sind mindestens 14 Mädchen.	○
Es sind höchstens 14 Mädchen.	○
Es sind mindestens 15 Mädchen.	☒
Es sind höchstens 15 Mädchen.	○
Es sind mindestens 16 Mädchen.	☒
Es sind höchstens 16 Mädchen.	○

M > 3B

Name: ______________________________ **Klasse:**_________ **1. Schularbeit am** ___________

7. Aufgabe

AG-R 2.4 — *1 Punkt*

Ordne jeder Ungleichung die entsprechende Lösungsmenge (aus A bis F) zu!

$-2x > 5$	B	A	$L = \{x \in \mathbb{R} \mid x < 9\}$
$-2 \geq -\frac{x}{5}$	D	B	$L = (-\infty;\ -2{,}5)$
$\frac{2x}{3} < 6$	A	C	$L = \{x \in \mathbb{R} \mid x \geq -2\}$
$-6 \leq 3x$	C	D	$L = [10;\infty)$
		E	$L = (-\infty;\ -2{,}5]$
		F	$L = \{x \in \mathbb{R} \mid x \leq -2\}$

8. Aufgabe

AG-R 2.4 — *1 Punkt*

Begründe mit dieser grafischen Darstellung, warum die Folgerung $-2x > 4 \Rightarrow x > -2$ falsch ist!

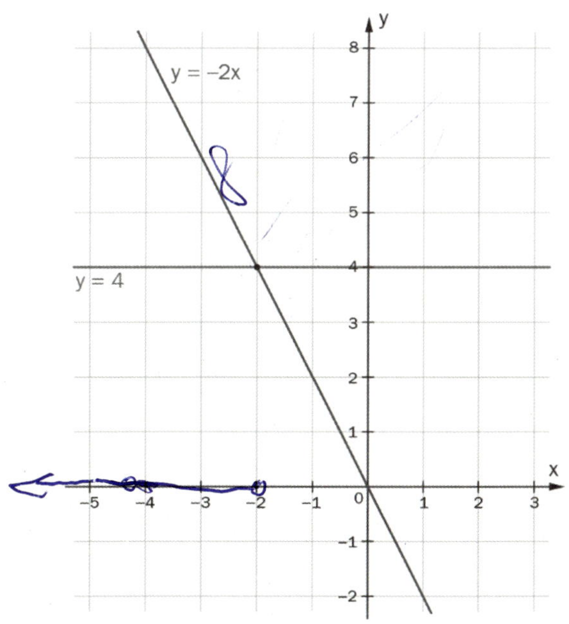

Weil die f. über der gerade(n) liegt im Bereich x < −2.

Name: ______________________ Klasse: ________ 1. Schularbeit am __________

9. Aufgabe

AG-R 2.4 | *1 Punkt*

Die Lösungsmenge einer Ungleichung ist durch eine Halbebene dargestellt. Die Punkte auf der Begrenzungsgeraden gehören zur Halbebene.

Kreuze die beiden Ungleichungen an, die für alle Punkte (x | y) der Halbebene zutreffen!

$2x - y \geq 4$	☒
$y - 2x \leq 4$	○
$\frac{1}{2}y - x < 2$	○
$2x \geq y + 4$	☒
$x + \frac{1}{2}y \geq -2$	☒

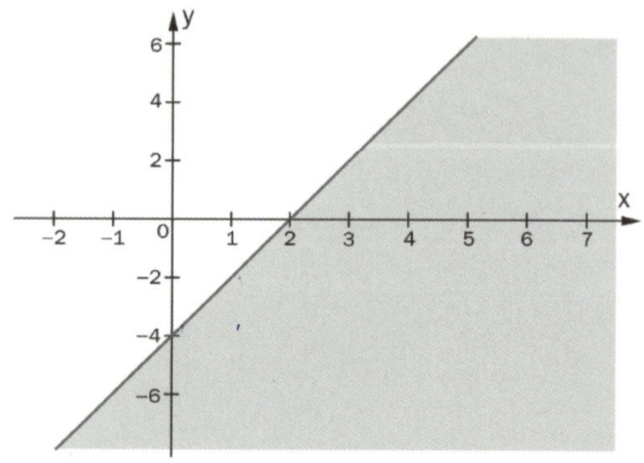

$y \leq 2x - 4$

10. Aufgabe

FA-R 1.5 | *1 Punkt*

Eine reelle Funktion f ist durch ihren Graphen gegeben:

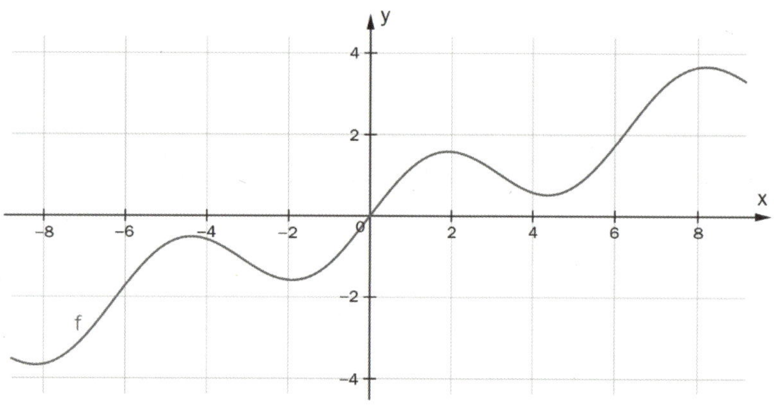

Kreuze die beiden für f zutreffenden Aussagen an!

Die Funktion ist monoton wachsend.	●
Die Funktion ist periodisch.	●
Der Graph von f ist symmetrisch zum Ursprung.	☒
Für die Funktion gilt: f(–x) = f(x)	○
Die Schnittpunkte des Graphen mit den beiden Achsen fallen zusammen.	☒

Name: ______________________________ **Klasse:**_________ **1. Schularbeit am** ___________

11. Aufgabe

FA-R 1.5 | *1 Punkt*

Gegeben ist die reelle Funktion f: $x \mapsto f(x)$. Der Graph von f hat an der Stelle $x = -3$ einen Punkt mit der x-Achse gemeinsam.

Kreuze die zutreffende(n) Aussage(n) an!

$f(0) = -3$	○
$f(-3) = 0$	☒
$f(x) = -3$	○
$f(x) = x$	○
$f(-3) = -3$	○

12. Aufgabe

FA-R 1.5 | *1 Punkt*

Eine Funktion f hat folgende Eigenschaften:

- Die Funktion ist für $x < -2$ streng monoton fallend.
- Die Stelle -2 ist eine Nullstelle.
- Die Funktion ist im Intervall $(-2; 3)$ streng monoton steigend.
- Der Punkt P $(3 \mid 3)$ ist ein lokales Maximum (Hochpunkt) von f.

Skizziere einen möglichen Graphen der Funktion f in das vorgegebene Koordinatensystem!

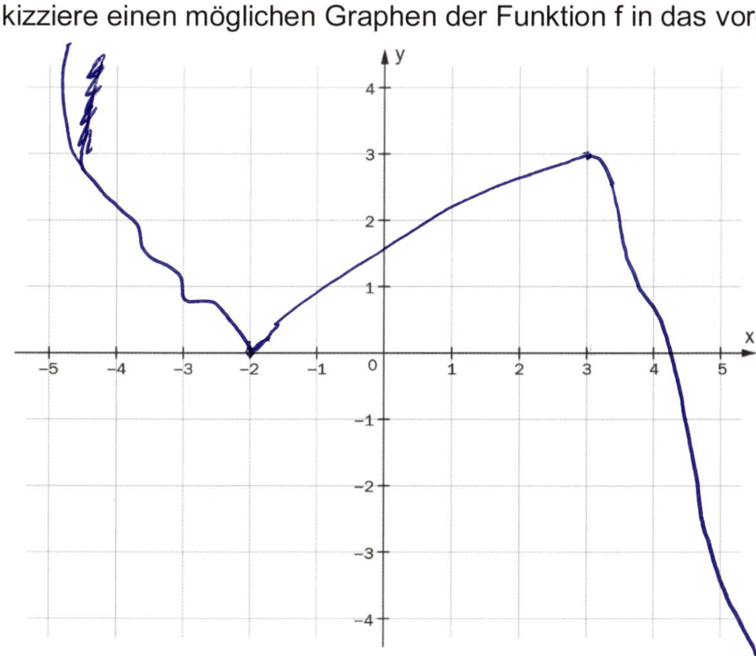

Name: ______________________________ Klasse:_________ 1. Schularbeit am ___________

Teil 2

13. Aufgabe: Schallintensität und Lautstärke

2 + 2 Punkte

Die Lautstärke, mit der ein Ton empfunden wird, ist abhängig von der Energie, die eine Schallwelle pro Sekunde an unser Ohr transportiert. Die Schallintensität I gibt die auf eine Fläche von 1 m^2 abgestrahlte Schallleistung an und wird in der Einheit W/m^2 gemessen. Die Lautstärke L ist ein subjektives Maß für die Schallintensität I und wird in der Einheit Dezibel (dB) angegeben.

Weber-Fechner konnte für jede Reizempfindung (Schmerz, Lautstärke, Lichtstärke, …) zeigen, dass für eine merkliche Steigerung der Empfindungsstärke nicht die gleiche absolute sondern die gleiche relative Reizsteigerung erforderlich ist. Änderungen der Lautstärke sind mit Änderungen der Verhältnisse von Schallintensitäten verbunden. Mathematisch wird dies mit dem Weber-Fechner Gesetz ausgedrückt:

$L(I) = 10 \cdot \lg\left(\frac{I}{I_0}\right)$ L … Lautstärke in dB, I … Schallintensität in W/m^2, $I_0 = 10^{-12}$ W/m^2

I_0 ist die Intensität eines Tons, den man gerade noch wahrnehmen kann, die Hörschwelle. Für diese untere Grenze unseres Hörvermögens gilt: $I_0 = 10^{-12}$ W/m^2. Die obere Grenze, die Schmerzgrenze, liegt bei einer Schallintensität von I = 10 W/m^2.

a) Für die Lautstärke der Hörschwelle gilt: $L(I_0) = 10 \cdot \lg\left(\frac{I_0}{I_0}\right) = 10 \cdot 0 = 0$ dB

(A) Zeige, dass für die Lautstärke an der Schmerzgrenze gilt: L = 130 dB

„Das menschliche Gehör hat eine enorme Bandbreite der Lautstärkewahrnehmung. Das leiseste gerade noch wahrnehmbare Geräusch ist ungefähr 1 Billionen mal kleiner als das lauteste an der Schmerzgrenze liegende.“ (HiFi Lexikon: Dezibel. In: https://www.fairaudio.de (Stand: 4.5.2018))
Ist diese Aussage übertrieben? Überprüfe mit den gegebenen Daten!

b) Zeige rechnerisch, dass einer Verdopplung der Schallintensität ein Anstieg der Lautstärke um 3 dB entspricht.

Wir empfinden einen Anstieg der Lautstärke um 10 dB als doppelt so laut. Dafür muss nach dem Weber-Fechner Gesetz die Schallintensität auf das Zehnfache steigen. Erläutere, warum wir 100 Autos nicht als 100-mal so laut empfinden wie 1 Auto, sondern nur viermal so laut.

14. Aufgabe: pH-Wert

2 + 2 Punkte

Der pH-Wert, der im Labor mittels Indikatorpapier gemessen wird, ist ein Maß dafür, wie stark basisch bzw. sauer eine wässrige Lösung ist. In den meisten wässrigen Lösungen liegen die pH-Werte zwischen 0 (stark sauer) und 14 (stark basisch). Im Laboralltag sind pH-Werte unter 0 (übersauer) und über 14 (überbasisch) nicht relevant. Destilliertes Wasser mit einem pH-Wert von 7 ist neutral.

In einer verdünnten Lösung hängt der pH-Wert von der Stoffmengenkonzentration c (H_3O^+) der Oxonium-Ionen H_3O^+ in Mol pro Liter ab. Für die Berechnung des pH-Wertes einer solchen Lösung wird ein dekadischer Logarithmus benötigt. Es gilt: pH = – lg(c (H_3O^+))

a) Eine verdünnte Lösung enthält 0,1 Mol pro Liter H_3O^+.
Berechne den pH-Wert dieser Lösung!

Interpretiere diesen Wert im gegebenen Kontext!

b) Leite mit Hilfe der Definition des Logarithmus aus der Formel für den pH-Wert eine Formel ab, mit deren Hilfe die Konzentration c (H_3O^+) berechnet werden kann!

Berechne damit die Konzentration c (H_3O^+) für eine neutrale wässrige Lösung!

Name: ______________________ **Klasse:**__________ **1. Schularbeit am** ___________

15. Aufgabe: Vorhersage für Acqua Alta in Venedig

2 + 2 Punkte

Acqua Alta ist das winterliche und alljährlich wiederkehrende Hochwasser in Venedig. Es entsteht, wenn bei besonders starker Flut und niedrigem Luftdruck der Scirocco das Wasser landeinwärts in die Lagune von Venedig drückt und es dauert, da von den Gezeiten abhängig, nur jeweils wenige Stunden. Bei normaler Flut steigt der Wasserspiegel bis zu 90 cm über den Normalstand. Wenn er höher steigt, spricht man von Acqua Alta. (https://de.wikipedia.org/wiki/Acqua_alta unter der Lizenz CC-BY-SA 3.0 http://creativecommons.org/licenses/by-sa/3.0/legalcode (Stand: 4.5.2018))

Der Wasserstand in der Lagune von Venedig kann für einen Zeitraum von drei Tagen gut vorhergesagt werden. Der Funktionsgraph in der folgenden Abbildung zeigt beginnend mit 29.12.2017 ab 13:30 den vorhergesagten Verlauf des Wasserstandes (in cm) in Abhängigkeit von der Zeit (tageweise in Stunden) an.

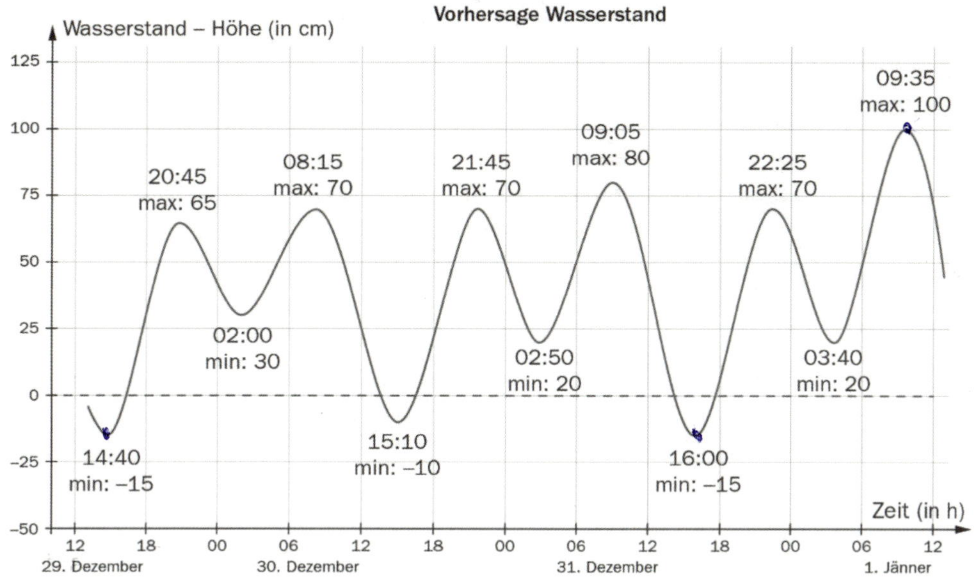

Daten nach: http://www.comune.venezia.it/maree (Stand: 4.5.2018)

a) Gib für den abgebildeten Zeitraum die globalen Extrempunkte an und interpretiere die Koordinaten im Kontext.

Die Gezeitenkräfte bewirken, dass der Wasserstand an Küsten innerhalb von 25 Stunden zweimal einen Höchststand und zweimal einen Tiefststand erreicht. Begründe anhand des Monotonieverlaufs der Kurve, dass dies am 31.12.2017 ab 0 Uhr auch für die Lagune von Venedig zutrifft!

b) (A) Begründe, warum die in der obigen Abbildung dargestellte Funktion im mathematischen Sinne nicht periodisch ist!

Ist im dargestellten Zeitraum mit Acqua Alta zu rechnen? Begründe deine Entscheidung!

2. Schularbeit

Schularbeitsstoff – Lernziele

Kapitel 3: Reelle Funktionen

Verschiedene Änderungsmaße angemessen verwenden	AN-R 1.1, 1.3	O
Potenzfunktionen darstellen und ihre Eigenschaften beschreiben	FA-R 3.1, 3.2, 3.3, 3.4	O
Polynomfunktionen darstellen und ihre Eigenschaften beschreiben	FA-R 4.1, 4.2, 4.3, 4.4	O
Exponentialfunktionen darstellen und ihre Eigenschaften beschreiben	FA-R 5.1, 5.2, 5.3, 5.4	O
Logarithmusfunktionen darstellen und ihre Eigenschaften beschreiben		O
Kontinuierliche exponentielle Prozesse beschreiben	FA-R 2.3, 5.5, 5.6	O
Funktionen als mathematische Modelle verständig einsetzen	FA-R 1.7, 2.5, 5.6	O
Winkelfunktionen darstellen und ihre Eigenschaften beschreiben	FA-R 6.1, 6.2, 6.3, 6.4, 6.5	O
Eigenschaften verschiedener Funktionstypen kennen und vergleichen	FA-R 1.5, 1.8, 1.9	O
Parametervariation bei verschiedenen Funktionen durchführen	FA-R 2.3, 3.3, 5.3, 6.3	O
Schwingungsvorgänge durch Sinusfunktionen beschreiben	FA-R 6.3	O
Verkettungen von Funktionen darstellen		O
Funktionen in mehreren Variablen verständig einsetzen	FA-R 1.8	O

Kapitel 4: Folgen

Reelle Zahlenfolgen darstellen und interpretieren	FA-L 7.1, 7.2	O
Monotonie und Beschränktheit von Folgen nachweisen	FA-L 7.3	O
Grenzwert einer Folge ermitteln	FA-L 7.4	O
Über die Erweiterung der Zahlbereiche reflektieren		O
Arithmetische Folgen darstellen und interpretieren	FA-L 7.2, 8.4	O
Geometrische Folgen darstellen und interpretieren	FA-L 7.2, 8.4	O
Änderungsmaße in verschiedenen Modellen verständig einsetzen	FA-L 7.2, 8.4	O
Beschränkte Modelle aufstellen und interpretieren		O

Übe für diese Schularbeit

weitere Aufgaben zu den Grundkompetenzen:
FA-R 1.5, 1.8, 1.9, 2.3, 3.1 bis 3.4, 4.1 bis 4.4, 5.1 bis 5.6, FA-L 7.1 bis 7.4, 8.4, AN-R 1.1, 1.3
(siehe Übungsaufgaben ab Seite 49)

Name: ______________________ **Klasse:**__________ **2. Schularbeit am** ____________

Teil 1

1. Aufgabe

AN-R 1.1 | *1 Punkt*

Die folgende Grafik zeigt die Entwicklung der durchschnittlichen Kinderzahl pro Frau in Österreich seit 1951:

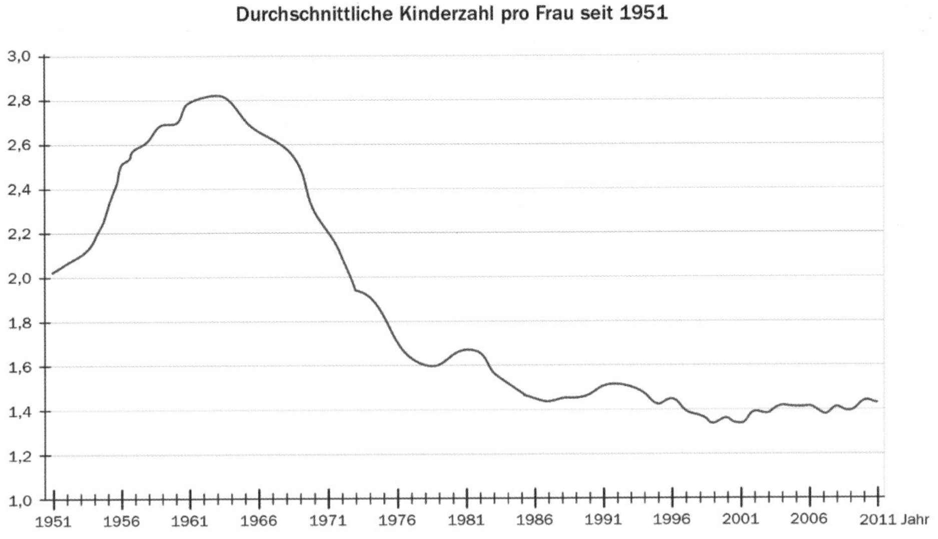

Daten nach: Statistik Austria: Statistik der natürlichen Bevölkerungsbewegung. Erstellt am 14.5.2012.

Ermittle die absolute und die relative (prozentuelle) Änderung der durchschnittlichen Kinderzahl pro Frau im Intervall [1958; 1971]!

2. Aufgabe

AN-R 1.3 | *1 Punkt*

Nach einigen Trainingsrunden werden für einen Rennfahrer die Zeit t (in min) und die zurückgelegte Strecke s(t) (in m) gemessen.

Interpretiere folgenden Term in diesem Zusammenhang: $\frac{s(5) - s(0)}{5}$

3. Aufgabe

AN-R 1.1 | *1 Punkt*

Beim Abkühlen einer heißen Flüssigkeit verändert sich ihre Temperatur T (in °C) mit der Zeit t (in min).

Interpretiere den Wert des Terms $\frac{T(10) - T(5)}{T(5)} \cdot 100$ in diesem Kontext!

4. Aufgabe

FA-R 3.3 *1 Punkt*

Gegeben ist der Graph einer reellen Funktion f mit $f(x) = \frac{a}{x} + b$ mit $a, b \in \mathbb{N}$ und $D_f = \mathbb{R}\backslash\{0\}$:

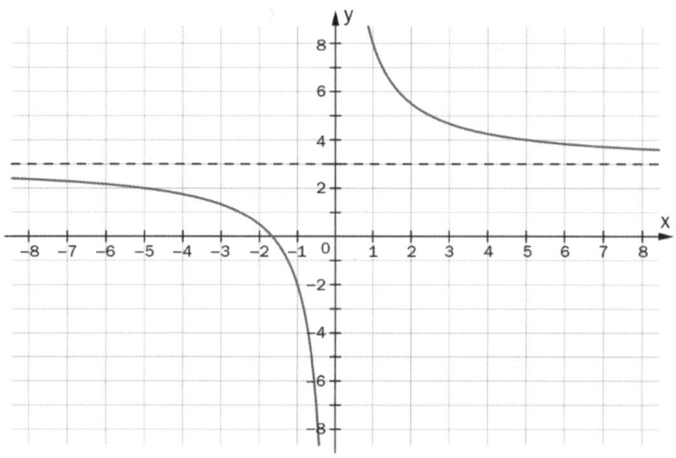

Gib die Parameter a und b so an, dass sie zum abgebildeten Graphen von f passen!

a = __________ b = __________

5. Aufgabe

FA-R 5.5 *1 Punkt*

Von 100 mg einer radioaktiven Substanz sind nach 3 Jahren noch 60 mg vorhanden. Berechne die Halbwertszeit dieses Stoffes!

6. Aufgabe

FA-R 5.3 *1 Punkt*

Ein Organismus wird von Viren befallen, die sich eine Zeit lang exponentiell vermehren. Ihre Anzahl N kann in Abhängigkeit von der Zeit t in Stunden näherungsweise durch die Funktion $N(t) = 600 \cdot 1{,}5^t$ angegeben werden.

Kreuze die beiden zutreffenden Aussagen an!

Die Virenzahl zu Beginn betrug 600.	○
Die Virenzahl nimmt pro Stunde um 5 % zu.	○
Die Virenzahl steigt pro Stunde um 600.	○
Die Virenzahl steigt von Stunde zu Stunde immer langsamer.	○
Die Virenzahl steigt pro Stunde auf 150 %.	○

Name: ______________________________ **Klasse:**_________ **2. Schularbeit am** ___________

7. Aufgabe

FA-R 3.1 *1 Punkt*

Die Graphen von fünf reellen Funktionen sind gegeben.

Kreuze die beiden Abbildungen an, die den Graph einer Potenzfunktion darstellen können!

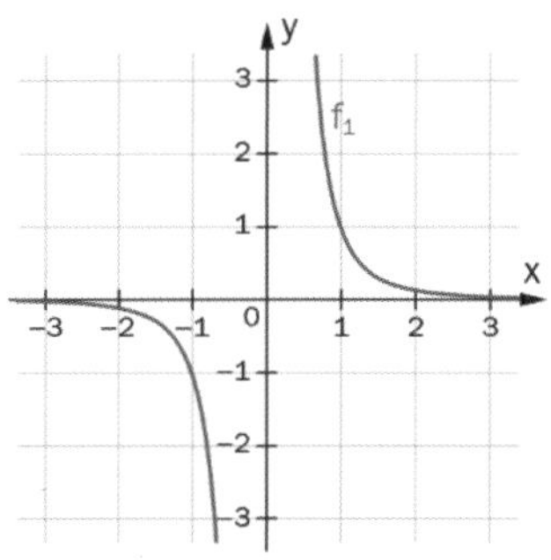	○
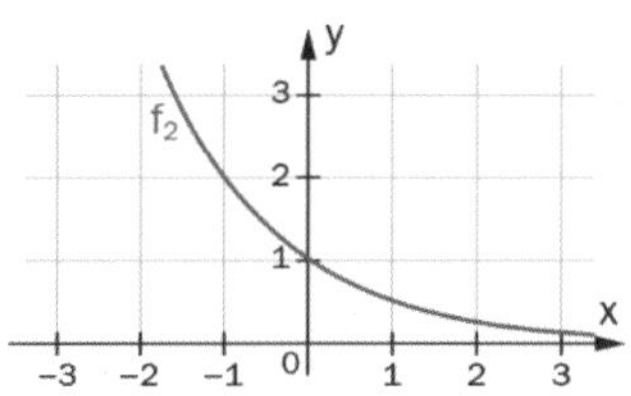	○
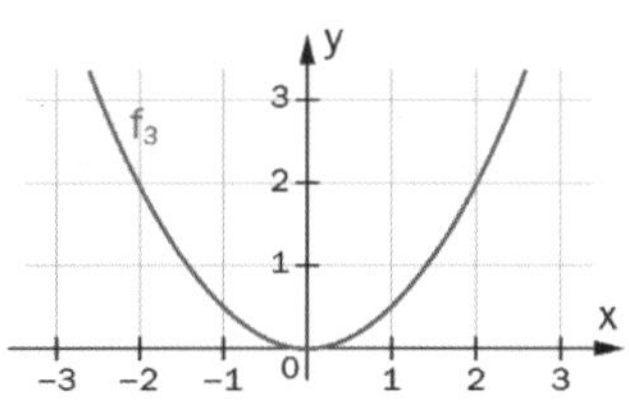	○
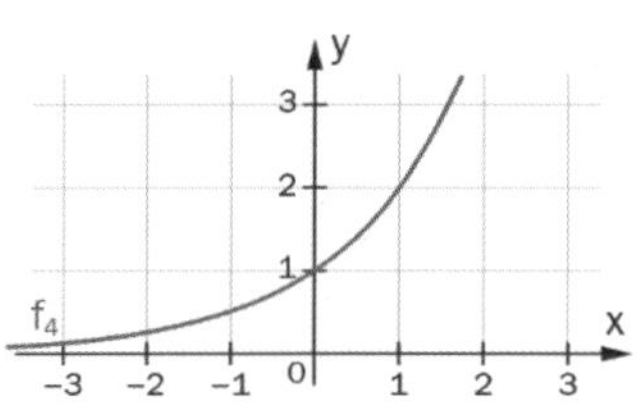	○
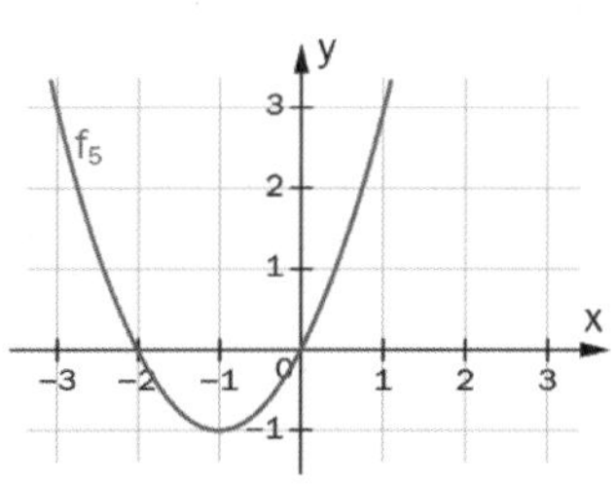	○

8. Aufgabe

FA-R 6.4 *1 Punkt*

Gegeben sind drei Funktionen f_1, f_2 und f_3 mit $f_1(x) = \cos x$, $f_2(x) = \cos(2x)$ und $f_3(x) = \cos\left(\frac{x}{2}\right)$.

Gib die kleinstmöglichen Perioden der drei Funktionen als Vielfache von π an.

p_1 = __________ · π p_2 = __________ · π p_3 = __________ · π

Name: ______________________________ Klasse:_________ 2. Schularbeit am ___________

9. Aufgabe

FA-R 5.3 — 1 Punkt

Eine Tierpopulation wächst exponentiell mit der Zeit t. Für die Anzahl der Tiere N in Abhängigkeit von der Zeit t (in Jahren) gilt $N(t) = 500 \cdot e^{0{,}024693 \cdot t}$.

Ergänze die Textlücken im folgenden Satz durch Ankreuzen der jeweils richtigen Satzteile so, dass eine korrekte Aussage entsteht!

Die Funktionsgleichung kann auch in der Form ___(1)___ geschrieben werden und die Anzahl der Tiere wächst pro Jahr um ___(2)___.

(1)	
O	$N(t) = 500^{0{,}024693 \cdot t}$
O	$N(t) = 500 \cdot 1{,}025000^t$
O	$N(t) = 0{,}024693 \cdot 500^t$

(2)	
O	24,693 %
O	16,59 %
O	2,5 %

10. Aufgabe

FA-L 7.1 — 1 Punkt

Eine Folge ist gegeben durch: $a_{n+1} = -2 \cdot a_n + 4$ mit $a_1 = 2$.

Gib die ersten fünf Glieder dieser Folge an: (a_n) = (______________________________)

11. Aufgabe

FA-L 7.1 — 1 Punkt

Ergänze die Textlücken im folgenden Satz durch Ankreuzen der jeweils richtigen Satzteile so, dass eine korrekte Aussage entsteht!

Die Folge (c_n) mit dem Bildungsgesetz $c_{n+1} = 0{,}5 \cdot c_n$ mit $c_1 = -3$ und $n \in \mathbb{N}^*$ ist eine ___(1)___, weil ___(2)___.

(1)	
O	arithmetische Folge
O	geometrische Folge
O	alternierende Folge

(2)	
O	c_1 negativ ist
O	der Quotient aufeinander folgender Glieder konstant ist
O	die Differenz aufeinander folgender Glieder konstant ist

12. Aufgabe

FA-L 7.1 — 1 Punkt

Gegeben sind fünf Darstellungen einer Folge (b_n).

Kreuze diejenige(n) Darstellung(en) an, die eine geometrische Folge beschreibt / beschreiben!

(4; 2; 1; 0,5; …)	O
$b_n = 4 \cdot 2^{n-1}$ mit $n \in \mathbb{N}$	O
$b_n = 2^{n-1} - 4$ mit $n \in \mathbb{N}$	O
(2; –4; 8; –16; …)	O
$b_{n+1} = b_n \cdot 2$ mit $b_0 = 4$ und $n \in \mathbb{N}$	O

Name: ______________________ Klasse: ________ 2. Schularbeit am __________

Teil 2

13. Aufgabe: Windenergie weltweit

2 + 2 Punkte

Die Windenergie zählt zu den umweltschonendsten Energieformen zur Erzeugung von Elektrizität. Das folgende Diagramm zeigt die Entwicklung der Leistung P in Gigawatt (GW) der weltweit installierten Windkraftwerke von 1996 bis zum Jahr 2014.

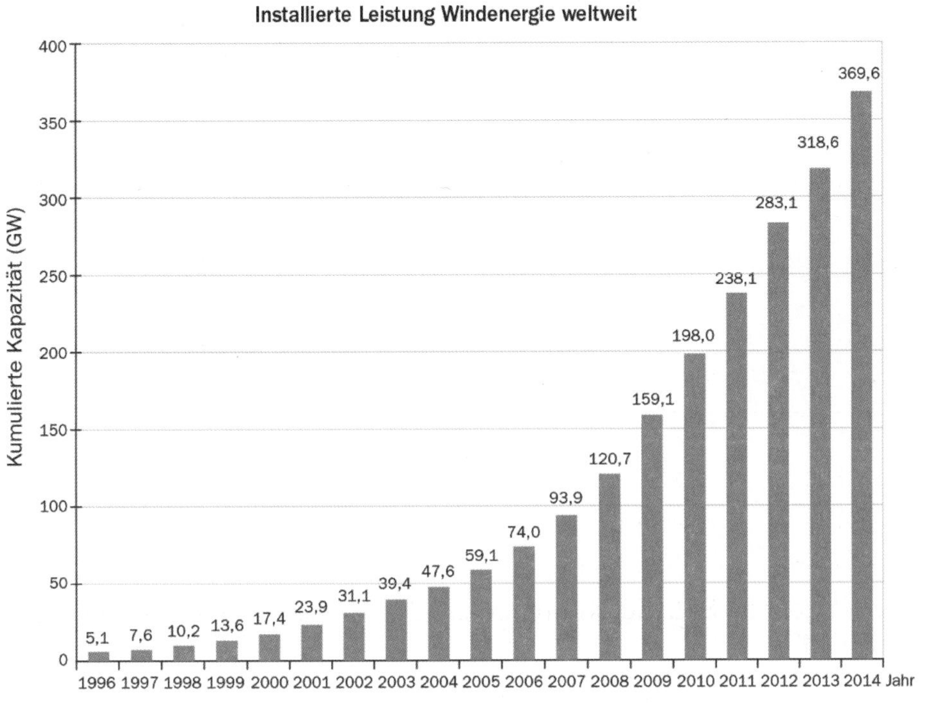

Daten nach: Global Wind Energy Council: Global Wind Statistics 2014

a) Die weltweit installierte Leistung ist von 2000 bis 2005 und von 2005 bis 2010 jeweils auf etwa das 3,37-Fache gestiegen ist.

Begründe, dass im Zeitraum von 2000 bis 2010 die weltweit installierte Leistung P (in GW) von der Zeit t (in Jahren) exponentiell abhängt.

(A) Beschreibe diese Abhängigkeit durch eine Exponentialfunktion der Form $P(t) = P_0 \cdot a^t$.

b) Die installierte Leistung ist vom Jahr 2010 bis zum Jahr 2014 von 198 GW auf 369,6 GW gestiegen. Verwende auch die Daten der Jahre 2011, 2012 und 2013!

Wähle ein geeignetes Modell, das das Wachstum von 2010 bis 2014 beschreibt und begründe deine Wahl!

Berechne mit diesem Modell, welche weltweit installierte Leistung 2015 zu erwarten wäre!

Name: ______________________________ **Klasse:**_________ **2. Schularbeit am** ___________

14. Aufgabe: Atmung

2 + 2 Punkte

Während der Atmung strömt Luft durch Mund und Nase in den Körper. Beim gesunden Menschen ist die Atmung rhythmisch und gleichmäßig tief, d. h. das Ein- und Ausatmen ist ein periodischer Vorgang. Im folgenden Diagramm sind die Vorgänge während der Atmung für einen ruhenden Erwachsenen grafisch dargestellt.

Der Graph I zeigt die Atemstromstärke I(t), das ist die pro Sekunde ein- oder ausgeatmete Luftmenge (in Liter) in Abhängigkeit von der Zeit t (in Sekunden).

Der Graph L zeigt das in der Lunge vorhandene aktive Luftvolumen L (in Liter) in Abhängigkeit von der Zeit t in Sekunden. (Hinweis: Die Luftmenge, die nicht aktiv am Gasaustausch beteiligt ist, also im Atemsystem „stehenbleibt" – das sogenannte Totraumvolumen – ist hier vernachlässigt.)

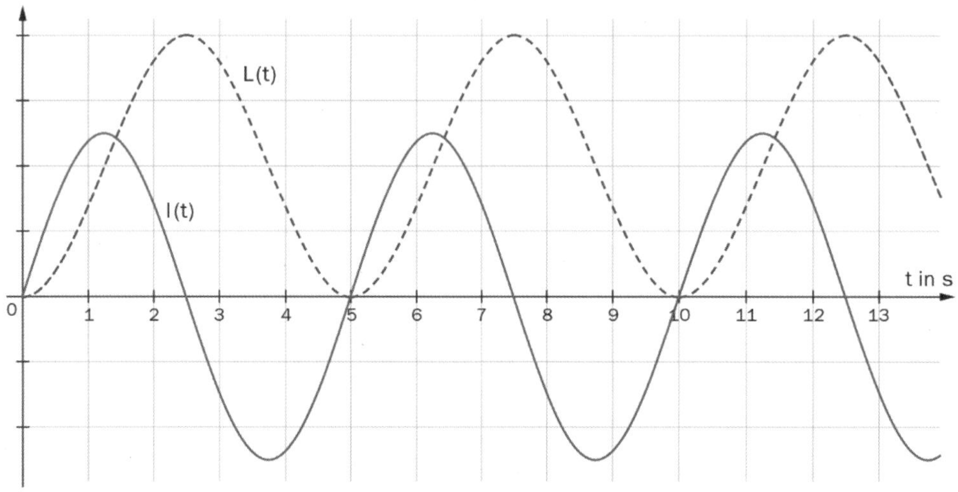

Daten nach: Werner Timischl: Biomathematik, Eine Einführung für Biologen und Mediziner. Wien: Springer-Verlag 1998 und 1995

a) Ein Atemzyklus besteht aus einer Ein- und Ausatmung. Die durchschnittliche Zahl der Atemzyklen pro Minute wird Atemfrequenz genannt. Bestimme aus der Grafik die Atemfrequenz eines ruhenden Erwachsenen!

Die dargestellte Funktion I ist von der Form $f(t) = a \cdot \sin(b \cdot t)$ mit $a, b > 0$ und gilt für einen ruhenden Erwachsenen. Angenommen, der Erwachsene übt eine anstrengende Tätigkeit aus. Welche Auswirkungen auf Graph und Funktionsgleichung kann dies haben? Gib alle Möglichkeiten mit Begründung an!

b) Interpretiere die Periodizität der Funktion L im Kontext.

Nach 2,5 s hat L ein Maximum und I eine Nullstelle. Erläutere, was dies in diesem Zusammenhang bedeutet!

Name: ______________________________ **Klasse:**_________ **2. Schularbeit am** ___________

15. Aufgabe: Freier Fall

2 + 2 Punkte

Der freie Fall ist aufgrund der Gravitationskraft eine beschleunigte Bewegung. Die Größe der Gravitationsbeschleunigung g ist abhängig vom Ort, man kann aber näherungsweise für g den Wert 10 m/s^2 verwenden.

Bereits um 1600 erkannte Galilei, dass alle Körper gleich schnell fallen (natürlich unter Vernachlässigung des Luftwiderstandes). Er untersuchte auch die Gesetze für den freien Fall, allerdings führte er keine Fallversuche durch, sondern er ließ Kugeln eine 6 m lange schiefe Ebene hinunterrollen (vgl. Das Labor nach Galilei. In http://www.deutsches-museum.de).

Galilei fand heraus, dass sich die Fallwege wie die Quadrate der Fallzeiten verhalten, d. h. in der 2-, 3-, 4-, …, n-fachen Zeit wird der 4-, 9-, 16-, …, n^2-fache Weg zurückgelegt.

Zerlegt man den freien Fall in Einzelschritte, d. h. in jene Wegstücke w_1, w_2, w_3, …, w_n, die der Körper in der 1., 2., 3., …, n-ten Sekunde zurücklegt, so gilt für diese Wegstücke: Der Körper fällt in der ersten Sekunde einen Weg von 5 m und in jeder folgenden Sekunde um 10 m mehr als in der vorhergehenden Sekunde.

a) Begründe, dass es sich bei der Folge $(w_n)_{n\in\mathbb{N}^*}$ der Wegstücke um eine arithmetische Folge handelt.

(A) Gib eine explizite Darstellung der Folge (w_n) an!

b) Die gesamten Fallstrecken (in Meter) nach 1, 2, 3, ... Sekunden bilden eine Folge $(s_n)_{n\in\mathbb{N}^*}$ mit $s_n = 5n^2$. Diese Folge ist im Diagramm grafisch dargestellt.

Erläutere, ob $(s_n)_{n\in\mathbb{N}^*}$ eine arithmetische Folge, eine geometrische Folge oder keines von beiden ist. Verwende dazu:

- die grafische Darstellung
- die explizite Darstellung der Folge

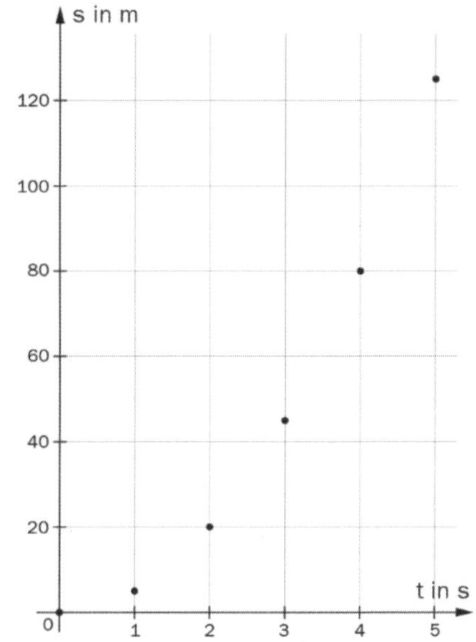

3. Schularbeit

Schularbeitsstoff – Lernziele

Kapitel 5: Reihen

Summen endlicher Reihen berechnen	FA-L 8.1	O
Summen konvergenter geometrischer Reihen berechnen	FA-L 8.2, 8.3	O
Folgen in der Finanzmathematik einsetzen	FA-L 8.4	O
Reihen in der Finanzmathematik bei regelmäßigen Zahlungen einsetzen	FA-L 8.4	O
Reihen in der Finanzmathematik bei Krediten einsetzen	FA-L 8.4	O

Kapitel 6: Beschreibende Statistik

Statistische Daten beschreiben und interpretieren	WS-R 1.1, 1.3	O
Werte aus statistischen Grafiken ablesen und interpretieren	WS-R 1.1	O
Einfache statistische Diagramme erstellen und interpretieren	WS-R 1.1, 1.2	O
Statistische Daten in Klassen einteilen	WS-R 1.1, 1.2	O
Statistische Kennzahlen ermitteln, interpretieren und vergleichen	WS-R 1.3, 1.4	O
Einen Boxplot zeichnen und interpretieren	WS-R 1.3, 1.4	O

Kapitel 7: Vektoren im $\mathbb{R}^n$ und Gleichungssysteme

Rechnen mit und Interpretieren von Zahlentupeln	AG-R 3.1, 3.3	O
Vektoren geometrisch deuten	AG-R 3.2, 3.3, AG-L 3.7	O
Produkte mit Vektoren berechnen und geometrisch interpretieren	AG-R 3.3, AG-L 3.6, 3.8	O

Übe für diese Schularbeit

weitere Aufgaben zu den Grundkompetenzen:
AG-R 3.1 bis 3.3, AG-L 3.6 bis 3.8, FA-L 8.1 bis 8.4, WS-R 1.1 bis 1.4
(siehe Übungsaufgaben ab Seite 47, ab Seite 66 bzw. ab Seite 69)

Name: ______________________________ **Klasse:**_________ **3. Schularbeit am** ___________

Teil 1

1. Aufgabe

FA-L 8.1 *1 Punkt*

Kreuze alle endlichen geometrischen Reihen an!

2 + 1,5 + 1 + 0,5 + 0 – 0,5 – 1 – … – 5	○
24 – 12 + 6 – … – 0,75	○
0,003 + 0,03 + 0,3 + … + 3000	○
$1 + \frac{1}{3} + \frac{1}{6} + \frac{1}{9} + \ldots + \frac{1}{300}$	○
$1 + a + a^2 + a^3 + \ldots + a^{15}$	○

2. Aufgabe

FA-L 8.1 *1 Punkt*

Gegeben ist die arithmetische Folge (4, 9, 14, …, 44, 49).

Berechne die Summe der zugehörigen Reihe: 4 + 9 + 14 + … + 44 + 49

3. Aufgabe

FA-L 8.3 *1 Punkt*

Kreuze die beiden Aussagen an, die auf die Reihe 81 + 27 + 9 + 3 + … zutreffen!

Es handelt sich um eine arithmetische Reihe mit $a_1 = 81$.	○
In dieser geometrischen Reihe gilt: $q = 3$.	○
In dieser unendlichen geometrischen Reihe mit $b_1 = 81$ gilt: $b_8 = \frac{1}{27}$.	○
Diese Reihe konvergiert gegen den Wert $s = \frac{243}{2}$.	○
Diese geometrische Reihe ist divergent, weil gilt: $q \neq 1$.	○

4. Aufgabe

FA-L 8.4 | *1 Punkt*

Ein Kapital von 5000 € wird mit einem Zinssatz von 1,5 % verzinst.

Ergänze die Textlücken im folgenden Satz durch Ankreuzen der jeweils richtigen Satzteile so, dass eine mathematisch korrekte Aussage entsteht!

Der Aufzinsungsfaktor beträgt ____(1)____ und das Kapital ist nach 5 Jahren auf ____(2)____ € angewachsen.

(1)	
○	$q = \frac{1,5}{100}$
○	$q = 1 + 0,15$
○	$q = 1,015$

(2)	
○	$K_5 = 5000 \cdot \left(1 + \frac{15}{100}\right)^5$
○	$K_5 = 5386,42$
○	$K_5 = 5000 \cdot 1,05^{15}$

5. Aufgabe

WS-R 1.1 | *1 Punkt*

Die nachstehenden Stängel-Blatt-Diagramme zeigen die Anzahl der Kinder in den einzelnen Klassen der Privatschulen T und W für das Schuljahr 2016/17 an. In diesen Diagrammen ist die Einheit des Stängels 10, die des Blattes 1.

Schule T	
1	6, 7, 7
2	0, 2, 2, 3, 4, 5, 8
3	0, 1

Schule W	
1	5, 8
2	1, 1, 2, 3, 5, 6
3	0, 0, 2

Kreuze diejenige(n) Aussage(n) an, die bezogen auf die dargestellten Stängel-Blatt-Diagramme mit Sicherheit zutrifft / zutreffen!

In Schule T gibt es mehr Klassen als in Schule W.	○
Der Median der Anzahl der Kinder in den Klassen ist in Schule T kleiner als in Schule W.	○
Die Gesamtzahl der Kinder ist in Schule T kleiner als in Schule W.	○
Die Spannweite der Anzahl der Kinder in den Klassen ist in Schule W kleiner als in Schule T.	○
In einer Klasse von Schule W sind weniger Kinder als in jeder einzelnen Klasse der Schule T.	○

Name: ______________________________ **Klasse:**________ **3. Schularbeit am** ___________

6. Aufgabe

WS-R 1.3 *1 Punkt*

Im Mai hat es in einer Stadt an genau 11 Tagen geregnet. An diesen 11 Regentagen wurden die Regenmengen in Liter pro Quadratmeter (l/m²) aufgezeichnet:

4,9 3,2 2,9 4,2 5,5 5,8 0,9 1,8 4,2 0,9 3,1

Kreuze die beiden zutreffenden Aussagen an!

Die mittlere Regenmenge pro Tag beträgt im Mai 3,4 l/m².	O
An keinem der Tage im Mai hat es mehr als 6 l/m² geregnet.	O
An 50 % der Tage im Mai hat es mehr als 3,2 l/m² geregnet.	O
An jedem Tag im Mai hat es mindestens 0,9 l/m² geregnet.	O
Im Mai hat es insgesamt 37,4 l/m² geregnet.	O

7. Aufgabe

WS-R 1.1 *1 Punkt*

Von 24 Schülerinnen und Schülern einer Klasse wurde die Körpergröße (in cm) getrennt nach Burschen und Mädchen erhoben und die Daten jeweils in Form eines Boxplots dargestellt:

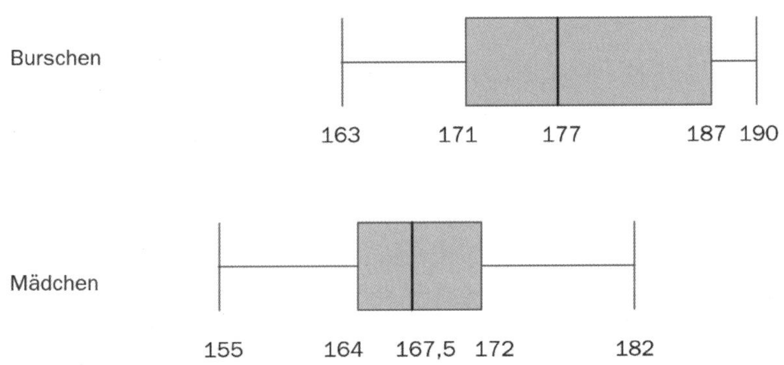

Kreuze die zutreffende(n) Aussage(n) an!

Die Körpergrößen der Burschen streuen stärker als jene der Mädchen.	O
Ca. 50 % der Burschen sind größer als 171 cm.	O
Der Quartilsabstand ist bei den Mädchen kleiner als bei den Burschen.	O
Etwa 75 % der Mädchen sind höchstens 172 cm groß.	O
Ca. 25 % der Burschen sind mindestens 187 cm groß.	O

Name: ______________________________ Klasse:_________ 3. Schularbeit am ___________

8. Aufgabe AG-R 3.1 *1 Punkt*

Die Nettoverkaufspreise (in €) von fünf Waren werden durch den Verkaufspreisvektor $\vec{P} = (30 \mid 40 \mid 60 \mid 80 \mid 120)$ angegeben. Der Vektor $\vec{M} = (10 \mid 20 \mid 30 \mid 40 \mid 50)$ gibt die abgesetzten Mengen dieser fünf Waren an einem bestimmten Tag an. Bei Großabnahme erhält man 2 % Rabatt.

Gib eine Formel für den Verkaufspreisvektor $\overrightarrow{P_G}$ bei Großabnahme an!

9. Aufgabe AG-R 3.3 *1 Punkt*

Ein Auto fährt mit konstanter Geschwindigkeit auf einem geradlinigen Stück der Autobahn. Es wird von einem Radar zunächst an der Position A und t Sekunden später an der Position B geortet (Maße in Meter).

Interpretiere den Ausdruck $\frac{1}{t} \cdot |\overrightarrow{AB}|$ in diesem Zusammenhang!

10. Aufgabe AG-R 3.3 *1 Punkt*

Die Firma „Bio-Essig" stellt Balsamico-Essig her, der mindestens ein halbes Jahr reifen muss. Sie hat 30 verschiedene Produkte auf Lager, die sich in Füllmenge, Säuregehalt, Geschmacksrichtung und weiteren Eigenschaften unterscheiden. Für die Lagerverwaltung sind die Stückzahlen dieser verschiedenen Produkte im Mengenvektor $\vec{M}$ festgehalten und der Verkaufspreis der einzelnen Produkte in Euro im Stückpreisvektor $\vec{P}$.

Ordne jeder Aussage den entsprechenden Term (aus A bis F) zu!

Neuer Stückpreisvektor, wenn jeder Stückpreis um 10 % gesunken ist.	☐	A	$\frac{11}{10} \cdot \vec{P}$
Gesamtverkaufspreis aller gelagerten Produkte in Euro.	☐	B	$\vec{M} - 0{,}1 \cdot \vec{P}$
Neuer Stückpreisvektor, wenn jeder Stückpreis um 10 % erhöht wurde.	☐	C	$\vec{P} - 10\ \%$
Gesamtverkaufspreis aller gelagerten Produkte, wenn jeder Stückpreis um 10 % gesenkt wurde.	☐	D	$0{,}9 \cdot \vec{P}$
		E	$\vec{M} \cdot \vec{P}$
		F	$0{,}9 \cdot \vec{M} \cdot \vec{P}$

11. Aufgabe

AG-R 3.3 *1 Punkt*

Gegeben sind die Punkte A (5 | –3 | 4) und B (7 | 4 | –3) und der Vektor $\vec{a} = \begin{pmatrix} -7 \\ a_y \\ 5 \end{pmatrix}$.

Berechne die fehlende Koordinate des Vektors $\vec{a}$ so, dass $\vec{a}$ normal auf den Vektor $\overrightarrow{AB}$ steht!

a_y = ______________________

12. Aufgabe

AG-R 3.3 *1 Punkt*

In der Abbildung ist ein gerades quadratisches Prisma dargestellt.

Kreuze die beiden richtigen Aussagen an!

$E + \overrightarrow{AC} = G$	O
$\overrightarrow{AB} \cdot \overrightarrow{BC} = \begin{pmatrix} 0 \\ 0 \\ 0 \end{pmatrix}$	O
$\lvert\overrightarrow{MC}\rvert = \overrightarrow{AM}$	O
$\overrightarrow{EG} = \overrightarrow{AC}$	O
$M - \overrightarrow{BM} + \overrightarrow{AB} = C$	O

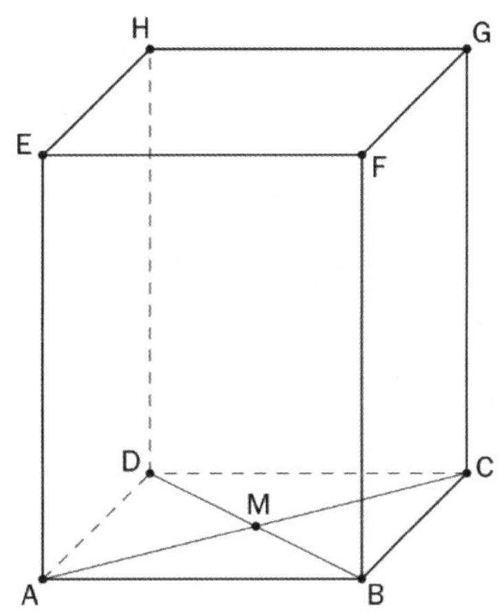

Name: ______________________________ **Klasse:**_________ **3. Schularbeit am** ____________

Teil 2

13. Aufgabe: Finanzmathematik

2 + 2 Punkte

Herr Müller möchte seine Wohnung verkaufen und erhält folgende Angebote:

- Käufer A bietet 50 000 € sofort und eine Rate von 4000 € halbjährlich 5 Jahre lang nachschüssig, d.h. zu Ende jedes Halbjahres wird diese Rate bezahlt.
- Käufer B kann im nächsten Jahr mit einer Erbschaft rechnen und bietet daher in genau 1 Jahr eine Zahlung von 92 000 €.

Für seine Entscheidung muss Herr Müller die beiden Angebote vergleichen.

Verwende bei den folgenden Rechnungen einen Aufzinsungsfaktor q, dem ein Zinssatz von 4 % jährlich zugrundliegt. Der äquivalente halbjährliche Aufzinsungsfaktor entspricht q_2.

Für die Zahlungen von Käufer A gilt folgende Gleichung:

$$50000 \cdot q^5 + 4000 \cdot q_2^9 + 4000 \cdot q_2^8 + \cdots + 4000 \cdot q_2 + 4000 = 50000 \cdot q^5 + 4000 \cdot \frac{1 - q_2^{10}}{1 - q_2}$$

a) Begründe, dass die gegebene Gleichung für den beschriebenen Kontext gilt. Interpretiere dazu die rechte und die linke Seite der Gleichung.

Gib an, welche Zahlenwerte in dieser Gleichung für q und q_2 eingesetzt werden müssen.

b) Der Endwert der Zahlungen von Käufer A ergibt 104 592 €.

Stelle eine Formel zur Berechnung des Endwertes für das Angebot von Käufer B auf.

Vergleiche die beiden Angebote und argumentiere, für welches Angebot sich Herr Müller entscheiden soll.

14. Aufgabe: Vektoren im Raum

2 Punkte

Für zwei Vektoren im Raum gilt stets: $\vec{a} \cdot (\vec{a} \times \vec{b}) = 0$

- (A) Überprüfe diesen Zusammenhang rechnerisch mit selbstgewählten Vektoren $\vec{a}$, $\vec{b}$.
- Argumentiere geometrisch, warum dieser Zusammenhang stets gilt.

Name: ______________________________ **Klasse:**_________ **3. Schularbeit am** ___________

15. Aufgabe: Unendliche geometrische Reihe

2 Punkte

Die unendliche geometrische Reihe $1 + \frac{1}{2} + \frac{1}{4} + \ldots$ konvergiert gegen 2.

Begründe diese Konvergenz

- rechnerisch.
- grafisch mit Hilfe der folgenden Abbildung:

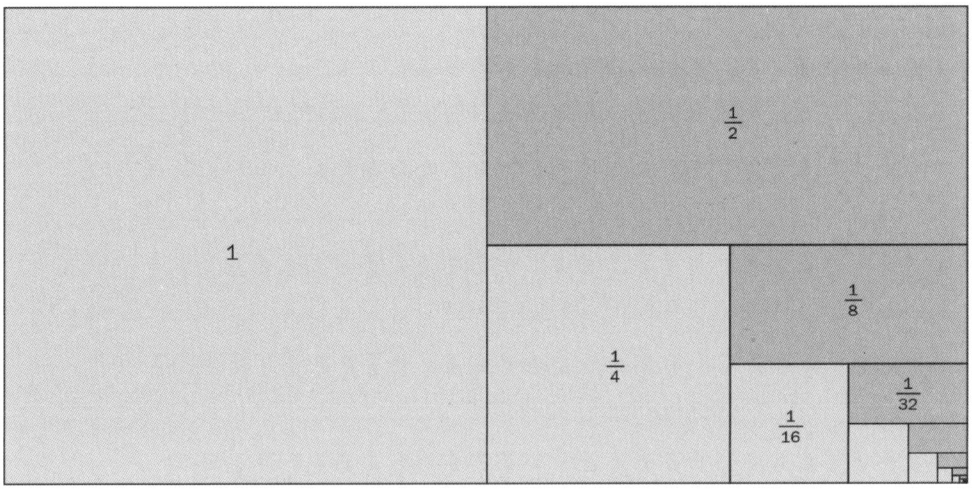

16. Aufgabe: Triathlon-Training

2 + 2 Punkte

Unter http://www.radsporttraining.de wird ein Trainingsplan für Triathlon-Einsteiger vorgestellt. In der Tabelle sind die Trainingszeiten für die ersten 8 Wochen jeder einzelnen Disziplin angeführt:

Triathlon Trainingsplan für Einsteiger
Trainingziel: Aufbau einer gesunden Grundlagenbasis in allen drei Disziplinen

Woche	Montag	Dienstag	Mittwoch	Donnerstag	Freitag	Samstag	Sonntag
1	Ruhetag	**Laufen** s. Woche 1 (Laufen/Anfänger)	**Schwimmen** 10 x 50m (1 Min. Pause)	**Radfahren** 30 Minuten Basic-Training	Ruhetag	**Schwimmen** 10 x 50m (1 Min. Pause)	**Radfahren** 30 Minuten Basic-Training
2	Ruhetag	**Laufen** s. Woche 2 (Laufen/Anfänger)	**Schwimmen** 10 x 50 m (1 Min. Pause)	**Radfahren** 35 Minuten Basic-Training	Ruhetag	**Laufen** s. Woche 2 (Laufen/Anfänger)	**Radfahren** 35 Minuten Basic-Training
3	Ruhetag	**Laufen** s. Woche 3 (Laufen/Anfänger)	**Schwimmen** 4 x 100m (1 Min. Pause)	**Radfahren** 40 Minuten Basic-Training	Ruhetag	**Laufen** s. Woche 3 (Laufen/Anfänger)	**Schwimmen** 4 x 1000m (1 Min. Pause)
4	Ruhetag	**Laufen** s. Woche 4 (Laufen/Anfänger)	**Schwimmen** 5 x 100m (1 Min. Pause)	**Radfahren** 45 Minuten Basic-Training	Ruhetag	**Schwimmen** 5 x 100m (1 Min. Pause)	**Radfahren** 45 Minuten Basic-Training
5	Ruhetag	**Laufen** s. Woche 5 (Laufen/Anfänger)	**Schwimmen** 3 x 10 Min (1 Min. Pause)	**Radfahren** 50 Minuten Basic-Training	Ruhetag	**Laufen** s. Woche 5 (Laufen/Anfänger)	**Radfahren** 50 Minuten Basic-Training
6	Ruhetag	**Laufen** s. Woche 6 (Laufen/Anfänger)	**Schwimmen** 2 x 15 Min (1 Min. Pause)	**Radfahren** 60 Minuten Basic-Training	Ruhetag	**Laufen** s. Woche 6 (Laufen/Anfänger)	**Schwimmen** 2 x 15 Min (1 Min. Pause)
7	Ruhetag	**Laufen** s. Woche 6 (Laufen/Anfänger)	**Schwimmen** 1 x 30 Min (1 Min. Pause)	**Radfahren** 65 Minuten Basic-Training	Ruhetag	**Schwimmen** 10 x 30 Min (1 Min. Pause)	**Radfahren** 65 Minuten Basic-Training
8	Ruhetag	30 Minuten Lockeres Training Bike, Run o. Swim	Ruhetag	30 Minuten Lockeres Training Bike, Run o. Swim	Ruhetag	Ruhetag	30 Minuten Lockeres Training Bike, Run o. Swim

Name: ______________________________ **Klasse:**_________ **3. Schularbeit am** ___________

Das Lauf-Training orientiert sich am folgenden Diagramm für Lauf-AnfängerInnen (http://www.radsporttraining.de):

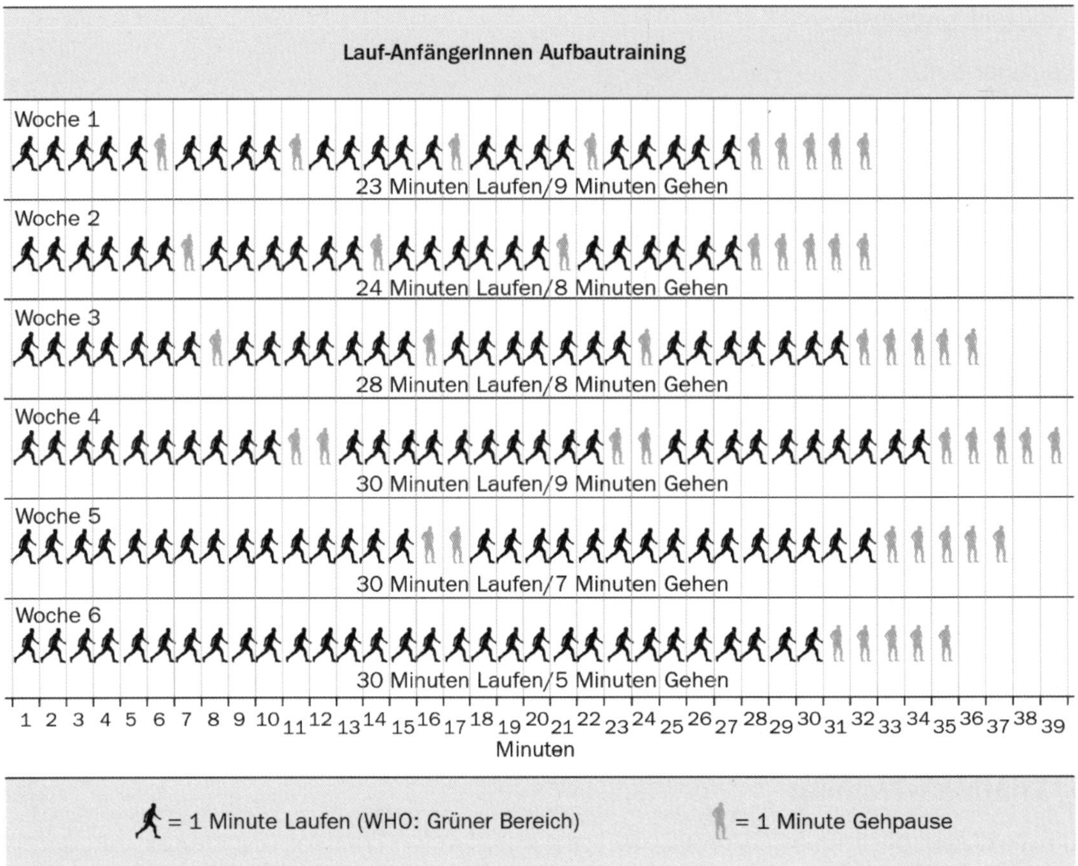

a) Trage in der gegebenen Tabelle ein, wie oft in den ersten drei Wochen die Disziplinen Laufen, Radfahren bzw. Schwimmen am Plan stehen:

	Laufen	Radfahren	Schwimmen
Woche 1			
Woche 2			
Woche 3			

Gib an, wie viele Minuten Training für einen Triathlon-Einsteiger in den ersten drei Wochen insgesamt für das Laufen bzw. Gehen vorgesehen sind!

__________ min Laufen __________ min Gehen

b) Jede Trainingseinheit in der Disziplin Radfahren dauert laut Plan in den ersten 7 Wochen mindestens 30 min und höchstens 65 min.

(A) Gib den Median dieser Trainingsdauer pro Einheit Radfahren in Minuten an und interpretiere ihn im gegebenen Kontext!

Der Trainingsplan in der 8. Woche lässt offen, wie oft Radfahren trainiert werden soll. Ergänze diesen Plan so, dass sich der soeben berechnete Median nicht verändert!

4. Schularbeit

Schularbeitsstoff – Lernziele

Kapitel 7: Vektoren im $\mathbb{R}^n$ und Gleichungssysteme

Produkte mit Vektoren berechnen und geometrisch interpretieren	AG-R 3.3, AG-L 3.6, 3.8	O
Geradengleichung in Parameterdarstellung verständig einsetzen	AG-R 3.4, AG-L 3.6	O
Ebenengleichung in Parameter- und Normalvektordarstellung verständig einsetzen	AG-L 3.9	O
Lagebeziehung zwischen Geraden und Ebenen untersuchen		O
Geometrische Aufgaben mit Geraden- und Ebenengleichungen lösen		O
Schnittpunkt von drei Ebenen berechnen	AG-L 2.7	O
Lagebeziehung von zwei oder drei Ebenen beschreiben		O

Kapitel 8: Elementare Wahrscheinlichkeitsrechnung

Grundraum und Ereignisse angeben	WS-R 2.1	O
Mit verschiedenen Wahrscheinlichkeitsbegriffen verständig umgehen	WS-R 2.2	O
Wahrscheinlichkeiten unter Laplace-Annahme berechnen	WS-R 2.3	O
Wahrscheinlichkeit entlang eines Pfades im Baumdiagramm berechnen	WS-R 2.3	O
Mit Baumdiagrammen Wahrscheinlichkeiten ermitteln können	WS-R 2.3	O
Bedingte Wahrscheinlichkeiten berechnen und interpretieren	WS-L 2.5	O
Den Satz von Bayes herleiten und anwenden (nur RG)		O
Entscheiden können, ob Ereignisse unabhängig sind	WS-L 2.6	O

Übe für diese Schularbeit

weitere Aufgaben zu den Grundkompetenzen:
AG-R 3.3, 3.4, AG-L 2.7, 3.6, 3.8, 3.9, WS-R 2.1 bis 2.3, WS-L 2.5 bis 2.6
(siehe Übungsaufgaben ab Seite 46 bzw. ab Seite 72)

Name: ______________________________ **Klasse:**_________ **4. Schularbeit am** ____________

Teil 1

1. Aufgabe

AG-R 3.4 *1 Punkt*

Gegeben ist die Gerade $g\colon X(t) = \begin{pmatrix} 1 \\ 6 \\ 3 \end{pmatrix} + t \cdot \begin{pmatrix} 2 \\ -4 \\ 1 \end{pmatrix}$

Gib eine andere Parametergleichung für die Gerade g an! Verwende sowohl einen anderen Punkt als auch einen anderen Richtungsvektor!

2. Aufgabe

AG-R 3.4 *1 Punkt*

Eine Gerade g verläuft durch den Koordinatenursprung und den Punkt G (1 | –2 | 3).

Gib die Gleichung einer Geraden n an, die ebenfalls durch den Koordinatenursprung verläuft und normal auf g steht!

3. Aufgabe

AG-R 3.4 *1 Punkt*

Gegeben ist eine Gerade $g\colon X = \begin{pmatrix} 7 \\ 7 \\ 7 \end{pmatrix} + s \cdot \begin{pmatrix} 1 \\ -2 \\ 3 \end{pmatrix}$ mit $s \in \mathbb{R}$.

Kreuze jene beiden Geraden an, die keinen Schnittpunkt mit g haben!

$h_1\colon X = \begin{pmatrix} 0 \\ 0 \\ 0 \end{pmatrix} + t_1 \cdot \begin{pmatrix} 1 \\ 1 \\ 1 \end{pmatrix}$ mit $t_1 \in \mathbb{R}$	○
$h_2\colon X = \begin{pmatrix} 7 \\ 7 \\ 7 \end{pmatrix} + t_2 \cdot \begin{pmatrix} 1 \\ 2 \\ 3 \end{pmatrix}$ mit $t_2 \in \mathbb{R}$	○
$h_3\colon X = \begin{pmatrix} 0 \\ 0 \\ 0 \end{pmatrix} + t_3 \cdot \begin{pmatrix} 1 \\ -2 \\ 3 \end{pmatrix}$ mit $t_3 \in \mathbb{R}$	○
$h_4\colon X = \begin{pmatrix} 1 \\ -2 \\ 3 \end{pmatrix} + t_4 \cdot \begin{pmatrix} -1 \\ 2 \\ -3 \end{pmatrix}$ mit $t_4 \in \mathbb{R}$	○
$h_5\colon X = \begin{pmatrix} 7 \\ 7 \\ 7 \end{pmatrix} + t_5 \cdot \begin{pmatrix} -1 \\ 2 \\ -3 \end{pmatrix}$ mit $t_5 \in \mathbb{R}$	○

Name: ______________________________ Klasse:_________ 4. Schularbeit am ___________

4. Aufgabe AG-R 3.4 *1 Punkt*

Gegeben sind die Gleichungen der beiden Geraden g und h, die einander nicht schneiden:

$$g\colon X(t) = \begin{pmatrix} 3 \\ -2 \\ 1 \end{pmatrix} + t \cdot \begin{pmatrix} -3 \\ 3 \\ -2 \end{pmatrix} \qquad h\colon X(s) = \begin{pmatrix} 0 \\ 5 \\ -3 \end{pmatrix} + s \cdot \begin{pmatrix} h_x \\ -2 \\ h_z \end{pmatrix} \qquad t, s \in \mathbb{R}$$

Bestimme die fehlenden Koordinaten des Vektors von h so, dass die beiden Geraden parallel sind!

5. Aufgabe AG-L 3.9 *1 Punkt*

Gegeben sind die beiden Ebenen ε_1: $3x - 6y + z = 1$ und ε_2: $-6x + 6y - 3z = 1$.

Ergänze die Textlücken im folgenden Satz durch Ankreuzen der jeweils richtigen Satzteile so, dass eine korrekte Aussage entsteht!

Die Ebenen ε_1 und ε_2 ____(1)____, weil ____(2)____.

(1)	
○	sind parallel
○	sind identisch
○	schneiden einander

(2)	
○	die linearen Gleichungen der Ebenen äquivalent sind
○	die Normalvektoren nicht parallel sind
○	ein Normalvektor ein Vielfaches des anderen ist

6. Aufgabe WS-R 2.1 *1 Punkt*

Eine Münze wird dreimal geworfen. Das Ergebnis ist jeweils Kopf (K) oder Adler (A). Der Grundraum (die Ergebnismenge) dieses Zufallsversuchs kann durch Tripel (x, y, z) angegeben werden, wobei x, y und z jeweils die Werte K für Kopf oder A für Adler annehmen.

Gib den Grundraum für den beschriebenen Zufallsversuch an!

$\Omega = \{$ ____

____ $\}$

7. Aufgabe WS-R 2.1 *1 Punkt*

Für eine positive Beurteilung der standardisierten schriftlichen Reifeprüfung aus Mathematik muss ein hoher Prozentsatz der Aufgaben aus Teil 1 richtig beantwortet werden.

Betrachte folgendes Ereignis:
Für eine positive Beurteilung müssen mindestens 16 von 24 Teil-1-Aufgaben richtig gelöst werden.

Formuliere das Gegenereignis zu diesem Ereignis in Worten!

Name: ______________________________ **Klasse:**________ **4. Schularbeit am** ___________

8. Aufgabe

WS-R 2.1 *1 Punkt*

In einem Behälter befinden sich 12 weiße und 15 schwarze Kugeln. Die Kugeln sind bis auf ihre Farbe nicht unterscheidbar. In einem Experiment werden zwei Kugeln hintereinander gezogen, wobei die erste Kugel nach dem Ziehen nicht mehr zurückgelegt wird.

Die Buchstaben w und s haben folgende Bedeutung:
w … eine weiße Kugel wird gezogen, s … eine schwarze Kugel wird gezogen.

Ergänze die Textlücken im folgenden Satz durch Ankreuzen der jeweils richtigen Satzteile so, dass eine korrekte Aussage entsteht!

Ein Grundraum Ω für dieses Experiment lautet ____(1)____, und ____(2)____ ist ein Ereignis.

	(1)
○	Ω = {s, w}
○	Ω = {(s, s), (s, w), (w, w)}
○	Ω = {(s, s), (s, w), (w, s), (w, w)}

	(2)
○	jede Teilmenge des Grundraums
○	die Wahrscheinlichkeit, dass genau eine schwarze Kugel gezogen wird
○	das Ziehen einer schwarzen Kugel

9. Aufgabe

WS-R 2.3 *1 Punkt*

In einer Firma wird ein Produkt erzeugt, von dem jeweils 100 Stück in eine Packung kommen. Nach einer Umstrukturierung des Produktionsprozesses werden stichprobenartig drei Packungen kontrolliert. Die erste Packung enthält 4 defekte Stücke, die zweite 7 defekte Stücke und die dritte 5 defekte Stücke.

Schätze aufgrund dieser Kontrollergebnisse die Wahrscheinlichkeit, dass ein Produkt fehlerhaft ist.

10. Aufgabe

WS-R 2.3 *1 Punkt*

Alle SchülerInnen einer Klasse (14 Burschen und 12 Mädchen) haben im Biologie-Projekt eine Präsentation vorbereitet. Der Lehrer wählt für die Präsentation vor der Klasse zufällig 2 Personen aus.

Berechne die Wahrscheinlichkeit, dass mindestens 1 Mädchen gewählt wird!

11. Aufgabe

WS-R 2.3 *1 Punkt*

Das zufällige Ziehen von farbigen Kugeln aus einer Schachtel wird durch das folgende Baumdiagramm beschrieben:

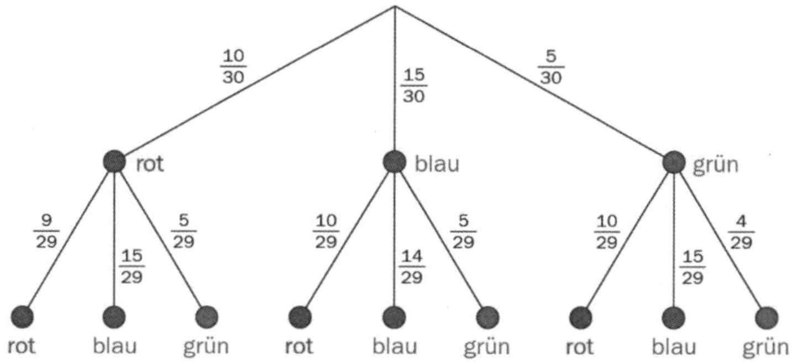

Entscheide anhand des abgebildeten Baumdiagramms, ob die folgenden Aussagen stimmen. Kreuze die zutreffende(n) Aussage(n) an!

Es handelt sich um einen zweistufigen Zufallsversuch (d.h. es wird zweimal gezogen).	○
Es wird mit Zurücklegen gezogen.	○
Die Wahrscheinlichkeit, mindestens eine rote Kugel zu ziehen, berechnet man mit $\frac{1}{3} \cdot \frac{9}{29} + \frac{1}{2} \cdot \frac{10}{29} + \frac{1}{6} \cdot \frac{10}{29}$.	○
Nach einem Zug sind keine blauen Kugeln mehr in der Schachtel.	○
Es sind am Anfang doppelt so viele rote wie grüne Kugeln in der Schachtel.	○

12. Aufgabe

WS-L 2.5 *1 Punkt*

In der Medizin werden oft Blindstudien durchgeführt, um die Wirksamkeit von Medikamenten zu testen. Die Versuchspersonen wissen dabei nicht, ob sie das zu testende Medikament oder ein Placebo (wirkungsfreie Substanz wie z.B. Traubenzucker) erhalten.

Die Ergebnisse einer Studie wurden in einer Vierfeldertafel aufgezeichnet:

	positive Wirkung	keine positive Wirkung	Summe
Medikament	85	40	125
Placebo	60	90	150
Summe	145	130	275

Berechne mit diesen Daten die Wahrscheinlichkeit, dass bei einer zufällig ausgewählten Testperson ein Placebo eine positive Wirkung zeigt.

Name: ______________________ **Klasse:**__________ **4. Schularbeit am** __________

Teil 2

13. Aufgabe: Quadratische Pyramide

2 + 2 Punkte

Eine gerade Pyramide hat das Quadrat ABCD mit A (7 | –5 | –3), B (4 | –8 | 9) und C (–5 | 1 | 9) als Grundfläche. Die Länge der Höhe beträgt 9 Einheiten.

a) Begründe rechnerisch, dass A, B, C Eckpunkte der quadratischen Grundfläche sein können.

(A) Berechne die Koordinaten des Eckpunktes D. Achte dabei auf positiven Umlaufsinn.

b) Gib einen Vektor an, der in Richtung der Höhe verläuft.

Berechne eine Lösung für die Koordinaten der Spitze S.

14. Aufgabe: Route eines Flugzeugs

2 + 2 Punkte

Die Route eines Flugzeuges kann bei gleichförmiger Bewegung als Bewegung entlang einer Geraden im Raum dargestellt werden. Es sei daher ein kartesisches Koordinatensystem im Raum gegeben, in dessen Koordinatenursprung der Tower eines Flughafens liege.

Um 8:00 Uhr befindet sich ein Flugzeug der Fluglinie A im Punkt A (–5 | –9 | 9,6) und eine Minute später im Punkt B (5 | 1 | 9,6). Ein Flugzeug der Fluglinie B befindet sich um 8:00 Uhr im Punkt C (13 | 33 | 10) und eine Minute später im Punkt D (19 | 27 | 9,8). Die Längeneinheit in alle drei Raumrichtungen beträgt 1 km. Beide Flugzeuge halten in den nächsten Minuten Kurs und Geschwindigkeit.

a) Untersuche mit Hilfe geeigneter Vektoren, ob die Flugrouten parallel sind.

Berechne für beide Flugzeuge ihre Geschwindigkeit in der Einheit km/h.

b) Stelle für beide Fluglinien die Geradengleichung ihrer Flugrouten auf und untersuche, ob die beiden Flugrouten einander schneiden.

Werden die beiden Flugzeuge zu einem bestimmten Zeitpunkt kollidieren? Begründe deine Antwort.

15. Aufgabe: Krebstest

2 + 2 Punkte

Ein Pharmakonzern hat für eine bestimmte Krebsart einen neuen Krebstest entwickelt. In einer großen Studie werden Sensitivität und Spezifität des neuen Tests ermittelt.

Die Sensitivität (auch Richtig-positiv-Rate) eines Tests bezeichnet den Anteil der test-positiven Personen unter allen Erkrankten einer Stichprobe, d.h. die Fähigkeit des Tests die Kranken auch als krank zu identifizieren.

Die Spezifität (auch Richtig-negativ-Rate) eines Tests beschreibt den Anteil der Test-negativen Personen unter allen Nichterkrankten einer Stichprobe, d.h. die Fähigkeit des Tests tatsächlich Gesunde als gesund zu identifizieren.

Die Studie liefert für den neuen Krebstest eine Sensitivität von 90 % und eine Spezifität von 93 %.

Die Prävalenz der in der Studie untersuchten Krebsart, d.h. die Häufigkeit dieser Krebsart in der Bevölkerung, beträgt 0,8 %.

a) (A) Beschrifte alle Pfade im Baumdiagramm mit den zugehörigen Werten der Wahrscheinlichkeiten.

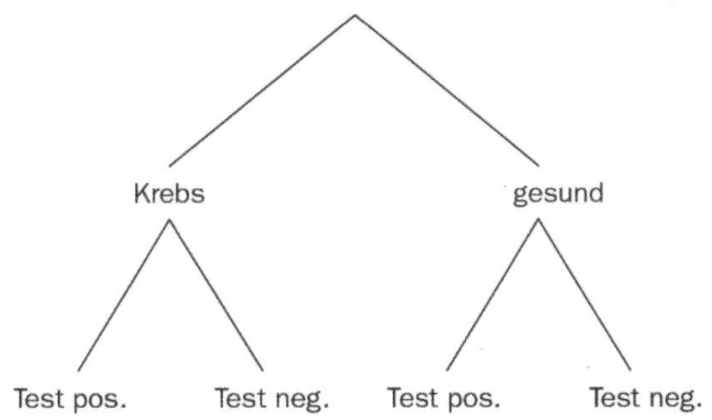

Berechne die Wahrscheinlichkeit, dass eine Person nicht an dieser Krebsart erkrankt ist und der Test positiv ausfällt.

b) Berechne, wie groß das Risiko ist, dass eine Person mit einem positiven Test auch tatsächlich an dieser Krebsart erkrankt ist.

Erläutere den Unterschied zwischen $P(A \cap B)$ und $P(A \mid B)$ in diesem Kontext. Formuliere dazu passende Ereignisse A und B und interpretiere diese beiden Wahrscheinlichkeiten.

Aufgaben zu den Reifeprüfungs- und Lehrplan-Grundkompetenzen

Inhaltsbereich: Algebra und Geometrie (AG)

1. Gegeben ist der Term $\sqrt[6]{a^5}$ mit $a \neq 0$. AG-R 2.1

Kreuze die beiden Terme an, die zum gegebenen Term äquivalent sind!

$a^{\frac{6}{5}}$	○
$a \cdot \sqrt[6]{a^{-1}}$	○
$a^{\frac{5}{6}}$	○
$\sqrt[6]{a^3} \cdot \sqrt[4]{a}$	○
$\frac{1}{a^{\frac{6}{5}}}$	○

2. Ergänze die Textlücken im folgenden Satz durch Ankreuzen der jeweils richtigen Textbausteine so, dass eine mathematisch korrekte Aussage entsteht! AG-R 2.1

Zwei Potenzen mit gleicher Basis werden ____(1)____, indem man ihre Exponenten ____(2)____.

(1)	
○	addiert
○	multipliziert
○	dividiert

(2)	
○	subtrahiert
○	multipliziert
○	dividiert

3. Ordne den Potenzen die entsprechenden Wurzelausdrücke (aus A bis F) zu! AG-R 2.1

$x^{\frac{3}{4}}$	☐	A	$\sqrt[4]{x^3}$
$x^{\frac{1}{3}}$	☐	B	$\frac{1}{\sqrt[4]{x}}$
$x^{-\frac{1}{4}}$	☐	C	$\sqrt[3]{x}$
$x^{\frac{4}{3}}$	☐	D	$\frac{1}{\sqrt[3]{x}}$
		E	$\frac{1}{\sqrt[3]{x^4}}$
		F	$x \cdot \sqrt[3]{x}$

4. Ergänze die Textlücken im folgenden Satz durch Ankreuzen der jeweils richtigen Textbausteine so, dass eine mathematisch korrekte Aussage entsteht! **AG-R 2.1**

Potenzen mit gleicher Basis werden ___(1)___, indem die Basis mit ___(2)___ der Exponenten potenziert wird.

(1)	
O	addiert
O	multipliziert
O	dividiert

(2)	
O	der Summe
O	dem Produkt
O	dem Quotienten

5. Kreuze die zutreffende(n) Aussage(n) an! **AG-R 2.1**

$\ln 0 = e$	O
$\ln 1 = 0$	O
$\ln e = 1$	O
$\log_2 8 = 3$	O
$\lg 100 = 10$	O

6. Kreuze die zutreffende(n) Aussage(n) an! **AG-R 2.1**

$\log 3 + \log a = \log(3 + a)$	O
$\log 3 \cdot \log a = \log(3a)$	O
$\log 3 - \log a = \log\left(\frac{3}{a}\right)$	O
$3 \cdot \log a = \log a^3$	O
$\frac{\log 3}{\log a} = \log \sqrt[3]{a}$	O

7. Gegeben ist die Exponentialgleichung $2^x = \sqrt[5]{4}$. **AG-R 2.1**

Gib die Lösung der Gleichung in Bruchdarstellung an.

x = ____________________

8. Ordne jedem Logarithmus den entsprechenden Wert (aus A bis F) zu! **AG-R 2.1**

$\log_2 \sqrt[3]{2}$	☐	A	$-\frac{1}{3}$
$\log_{10} 100\,000$	☐	B	-5
$\log_2 \frac{1}{64}$	☐	C	$\frac{1}{3}$
$\log_{10} \sqrt[3]{0{,}1}$	☐	D	6
		E	-6
		F	5

9. Berechne den Zahlenwert von $\log_2 \frac{1}{32}$. **AG-R 2.1**

10. Gegeben ist die Ungleichung –5x > 3. **AG-R 2.4**

Kreuze die beiden dazu äquivalenten Ungleichungen an!

$5x + 3 < 0$	○
$x < -\frac{5}{3}$	○
$3 > -5x$	○
$x > -\frac{3}{5}$	○
$-3 + 5x < -6$	○

11. Auf der Webseite der Statistik Austria findet man Daten zu „Verletzte und Getötete 2013 bis 2016 nach Verkehrsarten“ für die Jahre 2013 bis 2016: **AG-R 2.4**

2013: 48 044 Verletzte, davon a % Fußgänger

2014: 47 670 Verletzte, davon b % Fußgänger

2015: 47 366 Verletzte, davon c % Fußgänger

2016: 48 393 Verletzte, davon d % Fußgänger

(Daten nach: Statistik Austria: Statistik der Straßenverkehrsunfälle. Erstellt am 22.5.2017)

Die Anzahl der verletzten Fußgänger war im Jahr 2016 kleiner als im Jahr 2013. Stelle eine Ungleichung auf, die diesen Zusammenhang wiedergibt.

12. Ordne jeder Ungleichung die zugehörige Intervallschreibweise (aus A bis E) zu! **AG-R 2.4**

a ≈ 9,7	☐	A	a ∈ [9,65; 9,75]
a = 9,7 ± 0,05	☐	B	a ∈ (9,65; 9,75)
9,6 ≤ a < 9,7	☐	C	a ∈ [9,65; 9,75)
9,65 < a < 9,75	☐	D	a ∈ [9,6; 9,7)
		E	a ∈ [9,65; 9,74]

13. Kreuze die beiden linearen Ungleichungen an, welche die gekennzeichnete Halbebene im Koordinatensystem richtig beschreiben! **AG-R 2.4**

$y \leq \frac{2}{3}x + 2$	○
$2x + 3y \leq 6$	○
$\frac{2}{3}x + y \leq 2$	○
$3x + 2y \leq 2$	○
$y \geq -\frac{2}{3}x + 2$	○

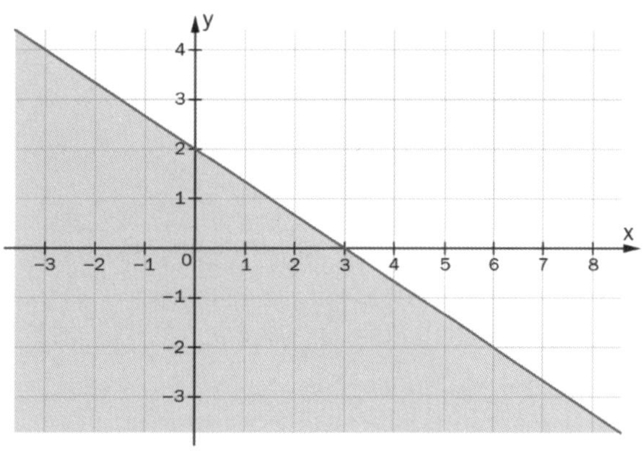

14. Die Abbildung zeigt die grafische Darstellung der Ungleichung: 2x + 1 ≥ x – 2 **AG-R 2.4**

Erkläre, wie man mit dieser Grafik die Lösung der Ungleichung bestimmen kann!

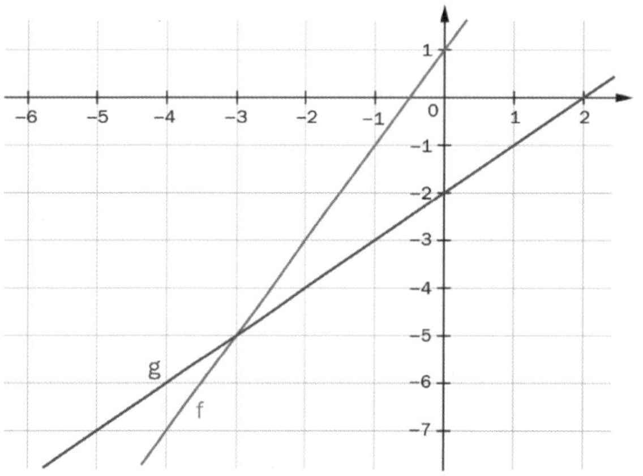

15. Beschreibe folgende Aussagen mit Hilfe von Ungleichungen bzw. Ungleichungsketten! **AG-R 2.4**

Die Konzertdauer x beträgt höchstens 1,5 Stunden.	
Der Preis x schwankt zwischen 120 und 150 €.	
Die Mindestbestellmenge beträgt 10 Stück.	

16. Ordne den gegebenen Ungleichungssystemen die passende Lösungsmenge (aus A bis F) in $\mathbb{R}$ zu! **AG-R 2.4**

$x > -1 \wedge x < 3$	☐	A	$(-1; 3)$
$x < -1 \wedge x \leq 3$	☐	B	$[-1; 3]$
$x \geq 3 \wedge x > -1$	☐	C	$[-1; 3)$
$x < 3 \wedge x \geq -1$	☐	D	$(-1; 3]$
		E	$(-\infty; -1)$
		F	$[3; \infty)$

17. Eine Gerade g verläuft durch den Koordinatenursprung und den Punkt G (0 | 1 | 3). **AG-R 3.4**
Gib die Gleichung einer Geraden h an, die parallel zu g verläuft, aber nicht identisch mit g ist!

18. Gegeben sind die Geraden g und h mit folgenden Gleichungen: **AG-R 3.4**

$g\colon X = \begin{pmatrix} 4 \\ -7 \\ 2 \end{pmatrix} + t \cdot \begin{pmatrix} -1 \\ a \\ -3 \end{pmatrix}$ $\qquad$ $h\colon X = \begin{pmatrix} 2 \\ 1 \\ b \end{pmatrix} + s \cdot \begin{pmatrix} 2 \\ -8 \\ 6 \end{pmatrix}$ $\qquad$ mit $t, s \in \mathbb{R}$

Finde für die Variablen a und b Werte, sodass die beiden Geraden g und h identisch sind!

a = ______________ b = ______________

19. Gegeben ist die Gerade $g\colon X(s) = \begin{pmatrix}3\\1\\5\end{pmatrix} + s \cdot \begin{pmatrix}6\\0\\3\end{pmatrix}$. AG-R 3.4

Kreuze jene Gerade(n) an, die zur Geraden g normal ist / sind!

$h_1\colon X(t_1) = \begin{pmatrix}3\\1\\5\end{pmatrix} + t_1 \cdot \begin{pmatrix}-2\\0\\4\end{pmatrix}$	○
$h_2\colon X(t_2) = \begin{pmatrix}3\\1\\5\end{pmatrix} + t_2 \cdot \begin{pmatrix}1\\-8\\-2\end{pmatrix}$	○
$h_3\colon X(t_3) = \begin{pmatrix}9\\1\\8\end{pmatrix} + t_3 \cdot \begin{pmatrix}-5\\0\\3\end{pmatrix}$	○
$h_4\colon X(t_4) = \begin{pmatrix}9\\1\\8\end{pmatrix} + t_4 \cdot \begin{pmatrix}1\\8\\2\end{pmatrix}$	○
$h_5\colon X(t_5) = \begin{pmatrix}3\\1\\5\end{pmatrix} + t_5 \cdot \begin{pmatrix}2\\5\\-4\end{pmatrix}$	○

20. Gegeben ist die Ebene $\varepsilon\colon X = \begin{pmatrix}2\\1\\-3\end{pmatrix} + s \cdot \begin{pmatrix}1\\5\\-2\end{pmatrix} + t \cdot \begin{pmatrix}3\\2\\2\end{pmatrix}$. AG-L 2.7

Überprüfe rechnerisch, ob der Punkt P (7 | 13 | –3) in der Ebene liegt!

21. Die dreidimensionalen Vektoren $\vec{a}$ und $\vec{n}$ stehen aufeinander normal. AG-L 3.6

Kreuze die beiden richtigen Aussagen an!

Wenn $\vec{a} = \begin{pmatrix}x\\y\\z\end{pmatrix}$ ist, dann ist $\vec{n}$ parallel zu $\begin{pmatrix}y\\-x\\z\end{pmatrix}$.	○
Das skalare Produkt der Vektoren ist null.	○
Wenn $\vec{a} = \begin{pmatrix}x\\y\\0\end{pmatrix}$ ist, dann ist $\vec{n}$ parallel zu $\begin{pmatrix}y\\-x\\0\end{pmatrix}$.	○
$\vec{a} \cdot \vec{n} = \begin{pmatrix}0\\0\\0\end{pmatrix}$	○
$\lvert\vec{a}\rvert = \lvert\vec{n}\rvert$	○

22. Gegeben sind Vektoren $\vec{a}, \vec{b}, \vec{c} \in \mathbb{R}^3$ und eine Konstante $k \in \mathbb{R}$. AG-L 3.8

Kreuze jene Terme an, deren Ergebnis ein Vektor ist!

$k \cdot \vec{a}$	○
$k \cdot (\vec{a} \times \vec{b})$	○
$k \cdot \lvert\vec{a} \times \vec{b}\rvert$	○
$k \cdot \vec{a} \cdot (\vec{b} \times \vec{c})$	○
$(k \cdot \vec{a} \times \vec{b}) \times \vec{c}$	○

23. Eine Ebene im Raum kann durch Angabe von Punkten und / oder Geraden festgelegt werden. AG-L 3.9

Kreuze jene Angabe(n) an, die eine Ebene eindeutig festlegt / festlegen!

Die Eckpunkte eines Dreiecks sind gegeben.	○
Zwei windschiefe Geraden sind gegeben.	○
Zwei nicht idente parallele Geraden g und h sind gegeben.	○
Ein Punkt P und eine Gerade g mit $P \notin g$ sind gegeben.	○
Zwei einander schneidende Geraden sind gegeben.	○

24. Gegeben sind die Punkte P (1 | 6 | 4) und F (–1 | 5 | 2) und die Ebene ε, die durch die Gleichung ε: $2x + y + 2z = 7$ gegeben ist. Der Punkt F liegt in der Ebene ε. AG-L 3.9

Zeige, dass der Normalabstand des Punktes P von der Ebene ε durch $\lvert\overrightarrow{FP}\rvert$ gegeben ist!

Aufgaben zu den Reifeprüfungs- und Lehrplan-Grundkompetenzen

Inhaltsbereich: Funktionale Abhängigkeiten (FA)

25. Kreuze diejenige(n) Funktion(en) an, die die reellen Zahlen als Definitionsmenge hat / haben! FA-R 1.1

$f_1(x) = -x^3$	○
$f_2(x) = \ln x$	○
$f_3(x) = x^2 + 2$	○
$f_4(x) = 2 \cdot 3^x$	○
$f_5(x) = \sqrt{x} + 4$	○

26. Gegeben ist die Funktion f mit $f(x) = x^2 - 4x + 4$. FA-R 1.4

Ergänze die Textlücken im folgenden Satz durch Ankreuzen der jeweils richtigen Textbausteine so, dass eine mathematisch korrekte Aussage entsteht!

Der Graph von f besitzt an der Stelle ___(1)___ einen Schnittpunkt mit ___(2)___.

(1)	
○	x = –2
○	x = 4
○	x = –4

(2)	
○	der x-Achse
○	der y-Achse
○	der 1. Mediane

27. Eine Funktion f: [–1; 5] → ℝ ist durch ihren Graphen gegeben. FA-R 1.5

Welche Eigenschaften hat diese Funktion? Kreuze die richtige(n) Aussage(n) an!

f ist eine gerade Funktion.	○
f ist symmetrisch zur Geraden y = 2.	○
f hat eine Nullstelle bei x = –3.	○
f hat einen Fixpunkt an der Stelle x = 2.	○
f ist eine periodische Funktion.	○

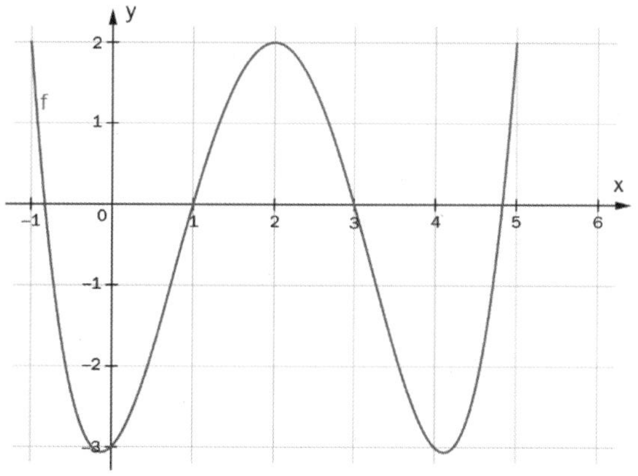

28. Von einer Funktion g ist eine Wertetabelle gegeben: **FA-R 1.5**

x	0	1	2	3
g(x)	4	–3	0	3

Ergänze die Textlücken im folgenden Satz durch Ankreuzen der jeweils richtigen Textbausteine so, dass eine mathematisch korrekte Aussage entsteht!

Die Funktion g hat an der Stelle 3 ____(1)____, weil ____(2)____ ist.

	(1)
○	eine Nullstelle
○	einen Fixpunkt
○	ein globales Maximum

	(2)
○	g(3) = 3
○	g(0) = 3
○	3 der größte Wert der unabhängigen Variable

29. Die Kostenfunktion K eines bestimmten Unternehmens ist durch ihren Graphen gegeben: **FA-R 1.5**

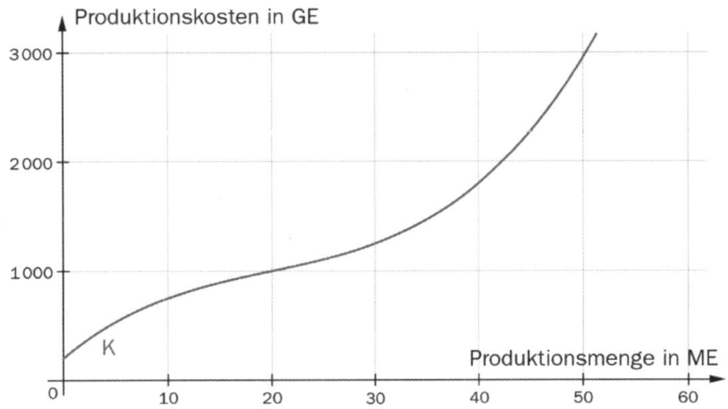

Diese Funktion beschreibt die Produktionskosten K(x) in Abhängigkeit von der produzierten Menge x eines bestimmten Gutes.

Kreuze die beiden zutreffenden Aussagen an!

Die Produktionskosten erreichen bei 20 ME ein lokales Maximum.	○
Für Produktionsmengen über 20 ME steigen die Produktionskosten immer schneller.	○
Die Produktionskosten steigen streng monoton.	○
Die Produktionskosten für 3000 ME betragen ca. 50 GE.	○
Für Produktionsmengen von 0 ME bis zu 20 ME sinken die Produktionskosten.	○

30. Eine Funktion f: [–3; 3] → ℝ ist durch ihren Graphen gegeben. FA-R 1.5

Welche Eigenschaften hat diese Funktion? Kreuze die richtige(n) Aussage(n) an!

f ist eine ungerade Funktion.	○
f ist symmetrisch zur x-Achse.	○
f hat genau zwei Nullstellen.	○
f hat einen Fixpunkt an der Stelle x = 1.	○
f ist eine periodische Funktion.	○

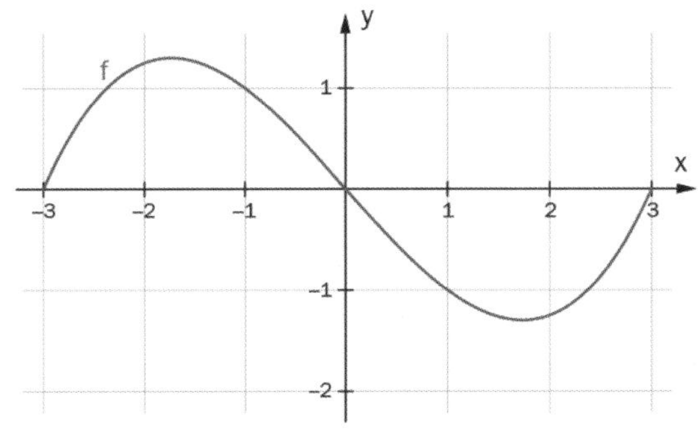

31. Von einer Funktion g ist eine Wertetabelle gegeben: FA-R 1.5

x	–2	–1	0	1	2	3	4
g(x)	0	–1	–3	0	1	3	6

Gib die Nullstellen und Fixpunkte dieser Funktion an, sofern diese existieren.

Nullstellen: ____________________ Fixpunkte: ____________________

32. Eine Funktion f mit $D_f = \mathbb{R}^+$ ist durch ihren Graphen gegeben: FA-R 1.5

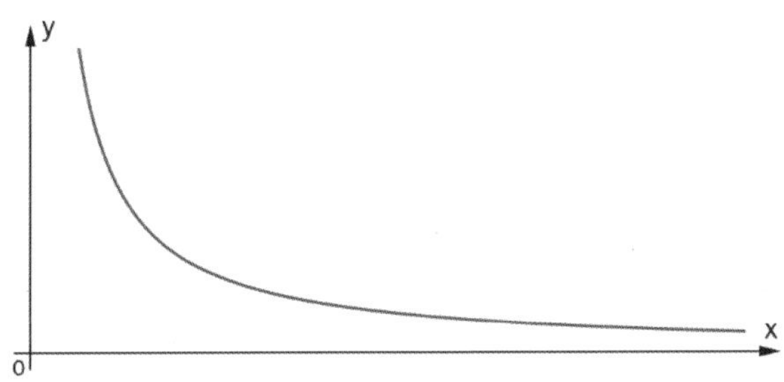

Kreuze die zutreffende(n) Aussage(n) an!

Der Funktionsgraph besitzt ein lokales Minimum.	○
Der Funktionsgraph besitzt überall dieselbe Steigung.	○
Der Funktionsgraph nähert sich asymptotisch der x-Achse.	○
Der Funktionsgraph ändert das Monotonieverhalten nicht.	○
Der Funktionsgraph ist streng monoton wachsend.	○

33. Für alle Funktionen gilt: $a \in \mathbb{R}\backslash\{0\}$ FA-R 1.5

Ordne jeder Funktionsgleichung die entsprechende Eigenschaft (aus A bis F) zu!

$f(x) = a \cdot x^2$	☐	A	f hat keine Nullstelle.
$f(x) = x^3 + a$	☐	B	f ist sicher streng monoton wachsend.
$f(x) = a^x$	☐	C	f hat sicher nur negative Funktionswerte.
$f(x) = a \cdot \sin x$	☐	D	f ist gerade.
		E	Der Graph von f enthält den Punkt (a | 0).
		F	f ist periodisch.

34. Kreuze diejenige(n) Funktion(en) an, die höchstens eine Nullstelle hat / haben! FA-R 1.5

$f_1(x) = x^3$	O
$f_2(x) = \ln x$	O
$f_3(x) = x^2 - 1$	O
$f_4(x) = 3^x$	O
$f_5(x) = \sqrt{x}$	O

35. Gegeben ist eine Funktion f: $\mathbb{R} \to \mathbb{R}$, $f(x) = x^3 - 3x$ FA-R 1.5

Ergänze die Textlücken im folgenden Satz durch Ankreuzen der jeweils richtigen Textbausteine so, dass eine mathematisch korrekte Aussage entsteht!

Die Funktion f ist ____(1)____, weil gilt: ____(2)____.

(1)	
O	gerade
O	ungerade
O	weder gerade noch ungerade

(2)	
O	$f(-x) = -f(x)$
O	$f(x) = -f(x)$
O	$f(-x) = f(x)$

36. Eine reelle Funktion f ist durch ihren Graphen gegeben: FA-R 1.5

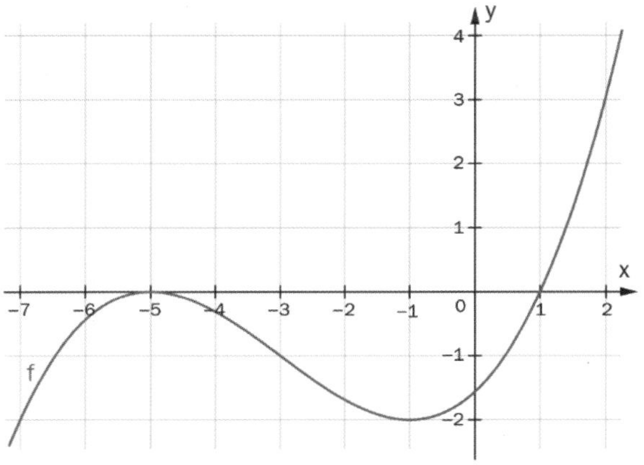

Kreuze die für f im dargestellten Bereich zutreffende(n) Aussage(n) an!

f hat an der Stelle x = 1 eine Nullstelle.	O
f hat an der Stelle x = –5 ein globales Maximum.	O
f hat ein lokales Minimum.	O
f ändert an der Stelle x = –1 sein Monotonieverhalten.	O
f ist im Intervall (–5; –1) streng monoton fallend.	O

37. Die Abbildung zeigt den Graphen einer reellen Funktion f: FA-R 1.5

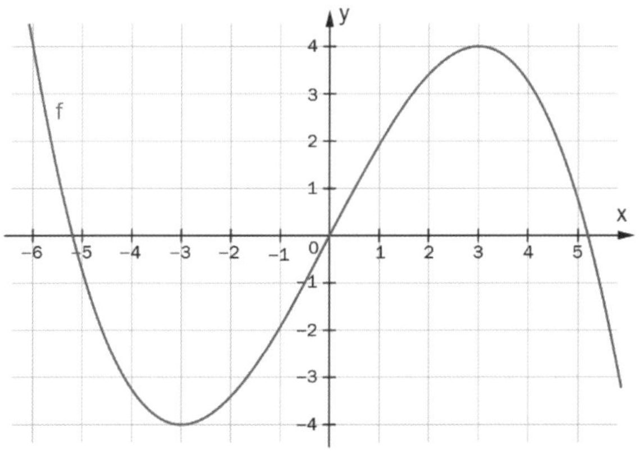

Kreuze die für diese Funktion im dargestellten Bereich zutreffende(n) Aussage(n) an!

Für die Funktion f gilt: f(–x) = f(x)	O
An der Stelle x = 3 liegt ein lokales Maximum vor.	O
Die Funktion f ist eine gerade Funktion.	O
An der Stelle x = 0 ändert die Funktion ihr Monotonieverhalten.	O
Die Funktion f ist für –3 < x < 3 streng monoton steigend.	O

38. Kreuze diejenige(n) Funktion(en) an, die für x > 0 streng monoton wachsend ist / sind! FA-R 1.5

$f_1(x) = 0{,}5x^5$	○
$f_2(x) = \ln x$	○
$f_3(x) = x^2 + 7$	○
$f_4(x) = e^x$	○
$f_5(x) = x^{\frac{1}{2}}$	○

39. Gegeben ist der Graph einer Potenzfunktion f mit $f(x) = ax^{-2} + b$: FA-R 1.5

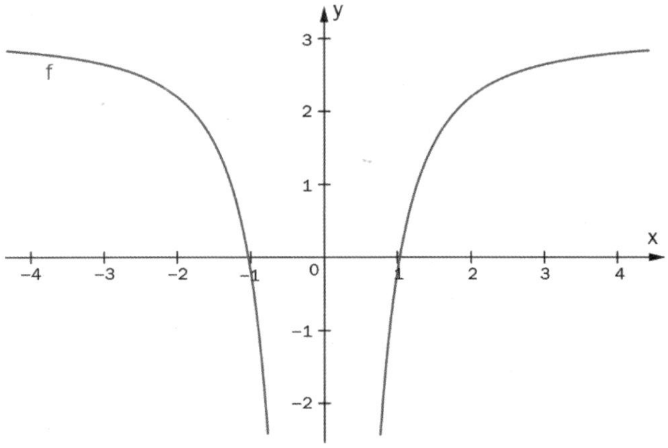

Kreuze die für f zutreffende(n) Aussage(n) an!

f ist eine gerade Funktion.	○
Der Punkt P (a | b) liegt auf dem Graphen von f.	○
Die Funktion f ist für alle $x \in \mathbb{R}$ definiert.	○
f ist monoton wachsend.	○
Die y-Achse ist eine Asymptote von f.	○

40. Gegeben ist die Funktion f mit $f(x) = a \cdot x^3 + b$ mit $a,b \in \mathbb{R}$. FA-R 1.5

Kreuze die für den Graphen von f zutreffende(n) Aussage(n) an!

f ändert an der Stelle x = 0 sein Monotonieverhalten.	○
Falls b = 0 ist, gilt: $f(-x) = -f(x)$	○
f ist streng monoton fallend, falls a < 0.	○
Der Graph von f verläuft parallel zur x-Achse, falls a = 0 und $b \neq 0$.	○
Der Graph von f enthält den Punkt P (a | b).	○

41. Gegeben ist die reelle Funktion f mit $f(x) = 5 \cdot x^r + 3$ mit $r \in \mathbb{Z}$. FA-R 1.5

Kreuze die beiden für f zutreffenden Aussagen an!

Für r = 0 verläuft der Graph parallel zur x-Achse durch den Punkt P (0 | 3).	O
Der Graph von f besitzt für gerade r keine Nullstelle.	O
Der Graph von f verläuft ausschließlich im 1. und 2. Quadranten.	O
Der Graph von f schneidet die x-Achse im Punkt (3 | 0).	O
Für geradzahlige Exponenten ist f eine gerade Funktion.	O

42. Die Funktion f: $D_f \rightarrow \mathbb{R}$ ist durch ihren Graphen gegeben: FA-R 1.5

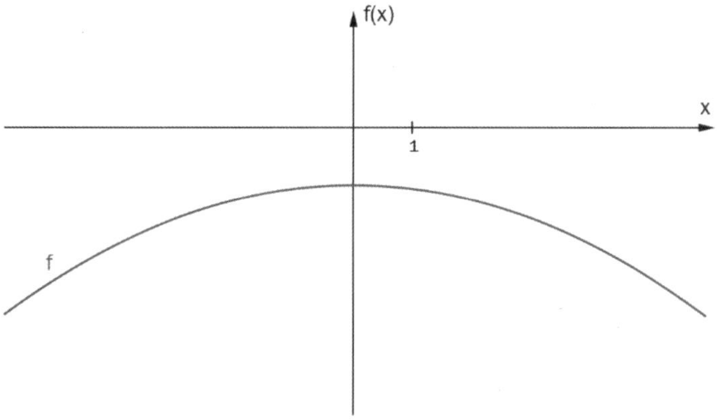

Ergänze die Textlücken im folgenden Satz durch Ankreuzen der jeweils richtigen Textbausteine so, dass eine mathematisch korrekte Aussage entsteht!

Die Funktion f ist ____(1)____, weil ____(2)____ gilt.

(1)	
O	gerade
O	ungerade
O	periodisch

(2)	
O	$f(x) = f(-x) \ \forall x \in D_f$
O	$f(x) = -f(-x) \ \forall x \in D_f$
O	$f(x) = f(x + 1) \ \forall x \in D_f$

43. Eine Funktion, deren Graph symmetrisch zur y-Achse ist, heißt gerade. FA-R 1.5

Kreuze alle geraden Funktionen an!

$f_1(x) = x^{\frac{1}{2}}$	O
$f_2(x) = \ln x$	O
$f_3(x) = 3^x$	O
$f_4(x) = 3x^2 - 3$	O
$f_5(x) = x^{-2}$	O

44. Der Graph einer Polynomfunktion 3. Grades p hat folgende Eigenschaften: FA-R 1.5

p ist im Intervall (–2; 2) streng monoton steigend, p ist eine ungerade Funktion und p hat im Intervall (–4; 6) zwei lokale Extremstellen.

Zeichne in das gegebene Koordinatensystem einen möglichen Graphen von p!

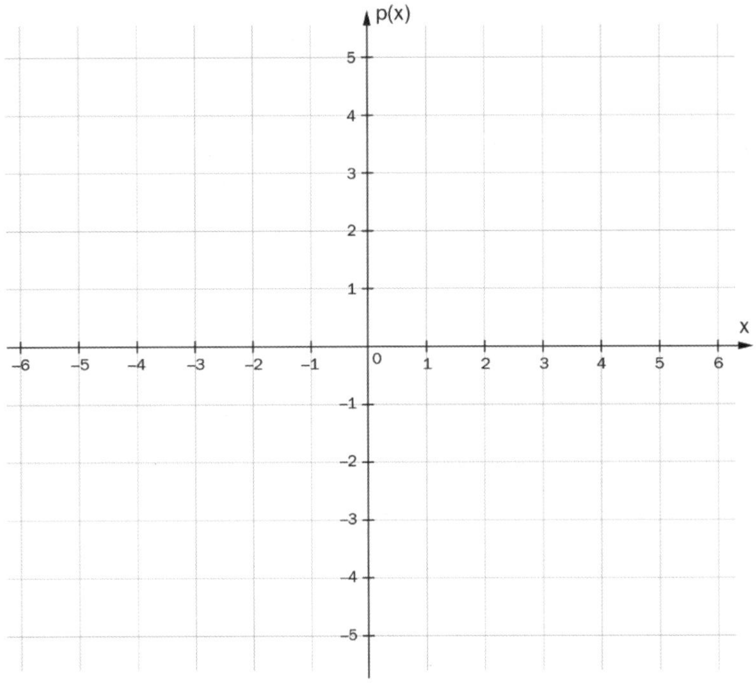

45. Gegeben ist die Funktion f: $\mathbb{R} \to \mathbb{R}$, $f(x) = x^4 - 10$ FA-R 1.5

Zeige rechnerisch, dass f eine gerade Funktion ist!

46. Kreuze diejenige(n) Funktion(en) an, die mindestens eine Nullstelle hat / haben! FA-R 1.5

$f_1(x) = x^{\frac{1}{2}}$	○
$f_2(x) = \ln x$	○
$f_3(x) = 3^x$	○
$f_4(x) = 3x^2 - 3$	○
$f_5(x) = x^{-2}$	○

47. Frau Huber fährt täglich dieselbe Strecke zur Arbeit. FA-R 1.7

Das Diagramm zeigt, wie die Fahrzeit t von der mittleren Geschwindigkeit v abhängt:

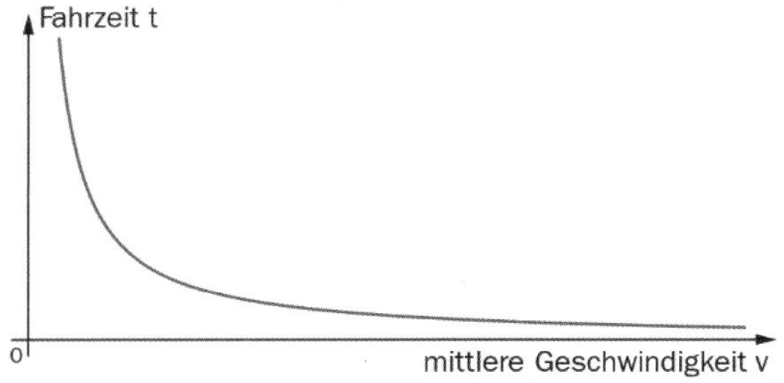

Kreuze die zutreffende Aussage an!

Frau Huber fährt immer gleich schnell.	○
Frau Huber benötigt immer die gleiche Fahrzeit.	○
Eine längere Fahrzeit benötigt eine höhere Geschwindigkeit.	○
Die Fahrzeit ist direkt proportional zur mittleren Geschwindigkeit.	○
Eine Verdopplung der mittleren Geschwindigkeit bewirkt eine Verdopplung der Fahrzeit.	○
Die mittlere Geschwindigkeit ist indirekt proportional zur Fahrzeit.	○

48. Gegeben sind reelle Funktionstypen. FA-R 1.9

Ordne den Funktionstypen jeweils die passende Wertetabelle (aus A bis E) zu!

Sinusfunktion	☐
Exponentialfunktion	☐
Logarithmusfunktion	☐

A

x	1	2	4
f(x)	0	1	2

B

x	1	2	4
f(x)	π	2π	4π

C

x	1	2	4
f(x)	2	4	16

D

x	π	2π	4π
f(x)	0	0	0

E

x	π	2π	4π
f(x)	e	2e	4e

49. Ordne den verschiedenen Funktionsgraphen jeweils den entsprechenden Funktionstyp (aus A bis D) zu! **FA-R 1.9**

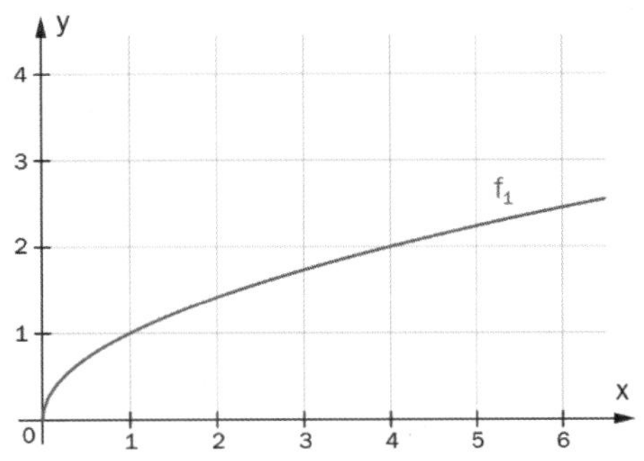

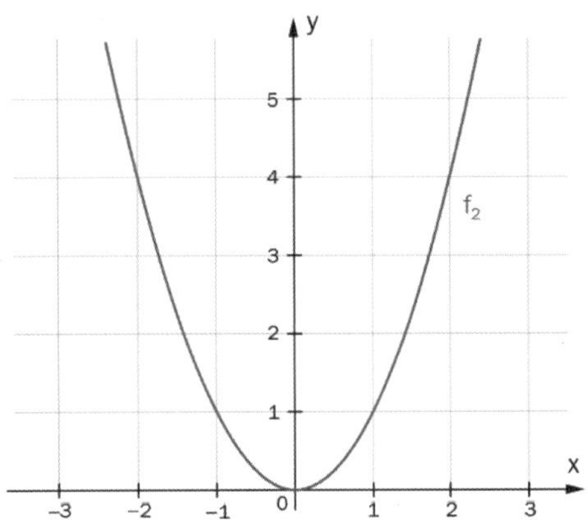

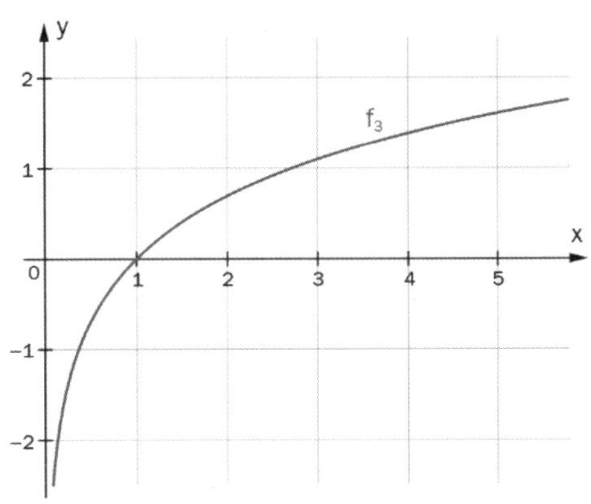

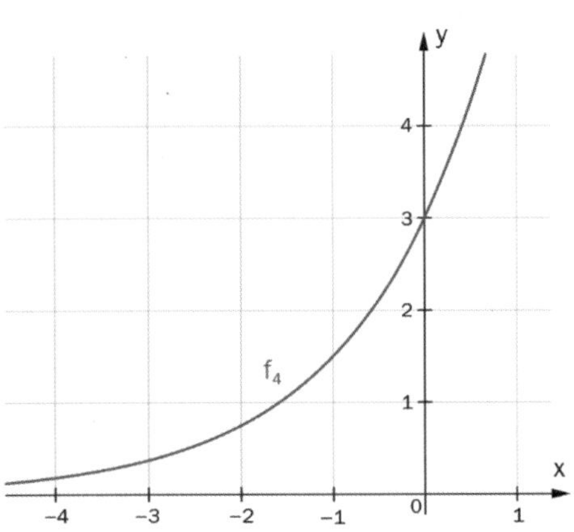

A	Logarithmusfunktion
B	Quadratische Funktion
C	Exponentialfunktion
D	Wurzelfunktion

50. Ordne jedem Term die größtmögliche Definitionsmenge (aus A bis F) zu! **FA-R 1.9**

$\ln(x-7)$	☐	A	$D_A = [7, \infty)$
$\sqrt{x-7}$	☐	B	$D_B = (-\infty, 7)$
$\cos(x-7) \cdot x^{-2}$	☐	C	$D_C = (-7, \infty)$
$(x-7) \cdot e^{-x}$	☐	D	$D_D = \mathbb{R}\backslash\{0\}$
		E	$D_E = \mathbb{R}$
		F	$D_F = (7, \infty)$

51. Welche der folgenden Sachverhalte können (zumindest annähernd) durch eine lineare Funktion f mit f(x) = k · x + d mathematisch modelliert werden? **FA-R 2.5**

Kreuze die beiden zutreffenden Aussagen an!

Die Medikamentenmenge im Blut in Abhängigkeit von der Zeit in Stunden, wenn nach einer einmaligen Dosis von 150 ml des Medikaments dieses pro Stunde um 15 % abgebaut wird.	○
Die Anzahl der Bakterien in Abhängigkeit von der Zeit, wenn sich die Anzahl der Bakterien stündlich verdreifacht.	○
Die Wassermenge in einem Teich, wenn pro Minute 300 l Wasser zufließen und zu Beginn 600 l Wasser bereits im Teich sind.	○
Der Listenpreis eines bestimmten Autos in Abhängigkeit von der Zeit in Jahren, wenn dieser pro Jahr um 15 % des Werts vom Vorjahr sinkt.	○
Die Temperatur aufsteigender trockener Luft, wenn diese pro 100 m um jeweils 1 °C abkühlt.	○

52. Eine Funktion f ist durch ihren Graphen gegeben. **FA-R 3.1**

Gib einen passenden Funktionsterm an!

f(x) = ______________________

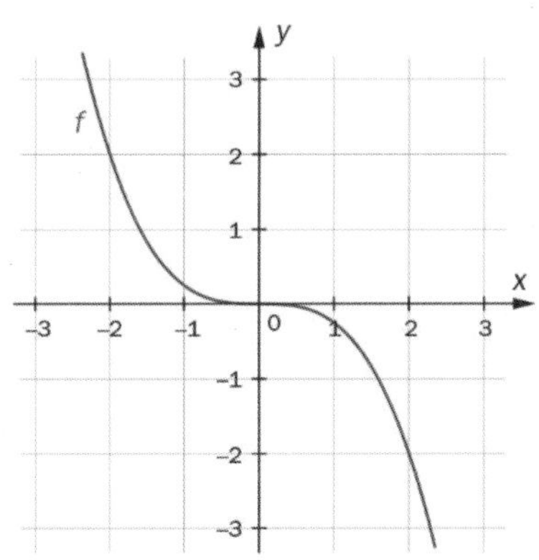

53. Eine Funktion f ist durch ihren Graphen gegeben. **FA-R 3.1**

Gib einen passenden Funktionsterm an!

f(x) = ______________________________

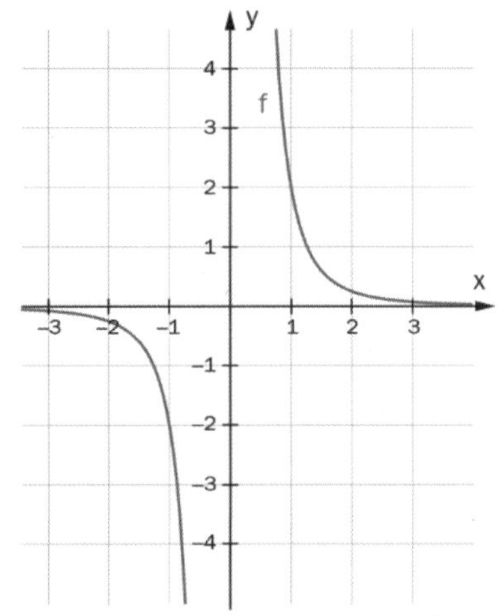

54. Gegeben ist ein Graph einer Potenzfunktion f mit $f(x) = ax^{-2} + b$ mit $a,b \in \mathbb{R}$. **FA-R 3.2**

Ermittle die Werte der Parameter a und b.

a = ___________ b = ___________

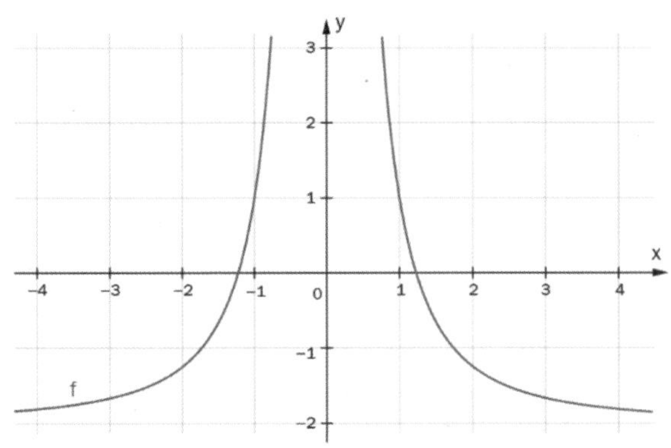

55. Fünf reelle Funktionen sind durch ihre Graphen gegeben. **FA-R 5.1**

Kreuze diejenige(n) Abbildung(en) an, die den Graphen einer Exponentialfunktion darstellen kann / können!

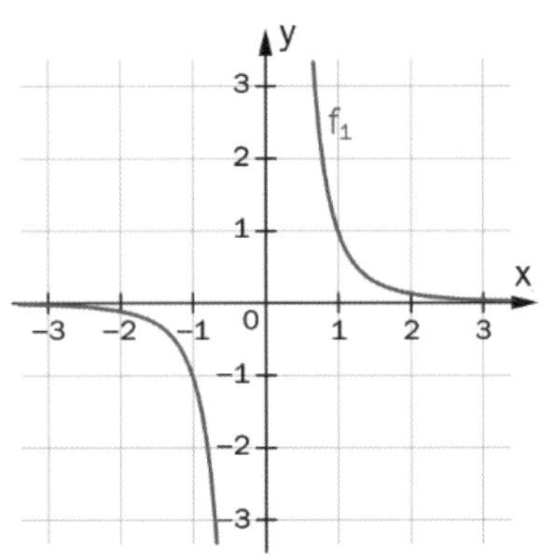	○
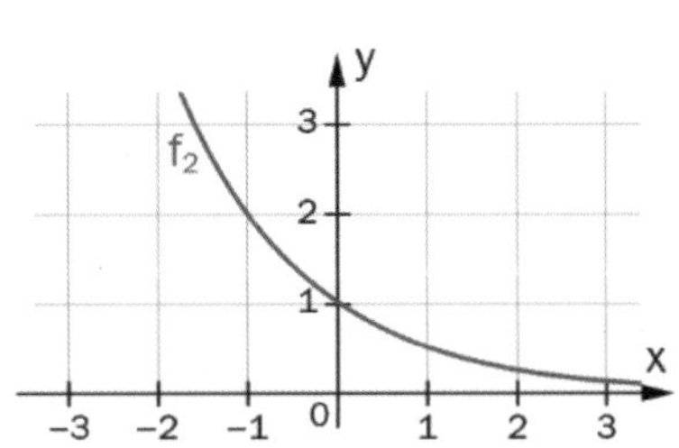	○

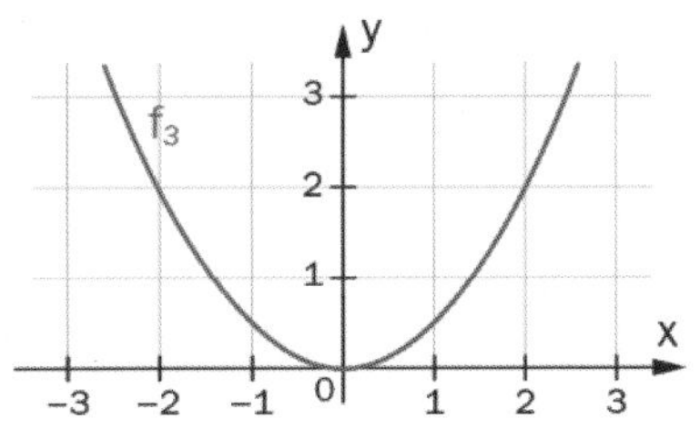	○
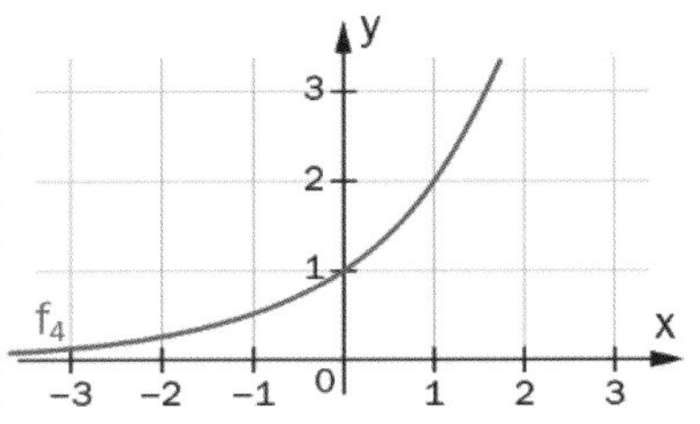	○
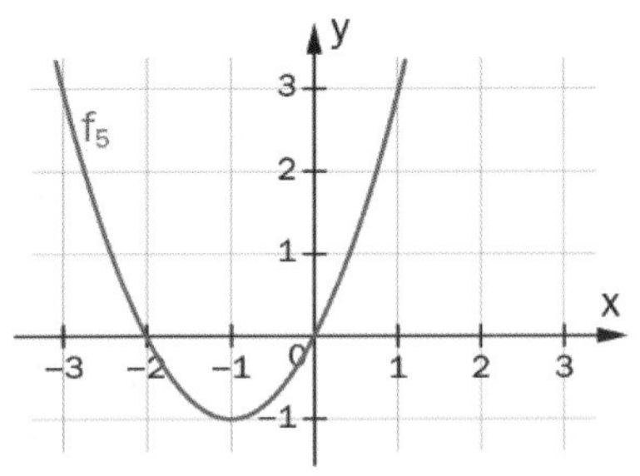	○

56. Das Diagramm zeigt die exponentielle Entwicklung der Speicherkapazität S integrierter Schaltkreise in Abhängigkeit von der Zeit (in Jahren): **FA-R 5.2**

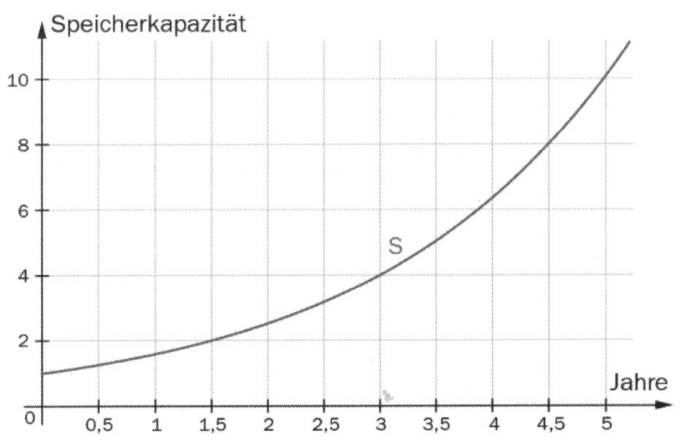

Kreuze alle Aussagen an, die aus diesem Graphen für die Entwicklung der Speicherkapazität S geschlossen werden können!

Innerhalb von 5 Jahren steigt die Speicherkapazität auf das Zehnfache.	○
In jeweils 3,5 Jahren wird die Speicherkapazität verfünffacht.	○
Die Verdopplungszeit beträgt 2,5 Jahre.	○
Die prozentuelle Zunahme der Speicherkapazität pro Jahr ist konstant.	○
Vor 3 Jahren war die Speicherkapazität nur halb so groß.	○

57. Gegeben ist die Exponentialfunktion f durch die Gleichung $f(x) = 3^x$. **FA-R 5.2**

Bestimme jene Stelle x, an der $f(x) = \frac{1}{9}$ gilt.

x = ____________________

58. Eine Grippeepidemie breitet sich aus. **FA-R 5.3**

Die Anzahl I_n der Infizierten nach $n \geq 0$ Tagen breitet sich in den ersten Tagen entsprechend nach dem gegebenen mathematischen Modell aus: $I_n = 47 \cdot 1{,}03^n$

Interpretiere die beiden Modellparameter!

59. Gegeben ist der Graph einer Exponentialfunktion f mit $f(x) = a \cdot b^x$ mit $a, b \in \mathbb{N}$. **FA-R 5.3**

Ermittle die Werte für die Parameter a und b!

a = __________ b = __________

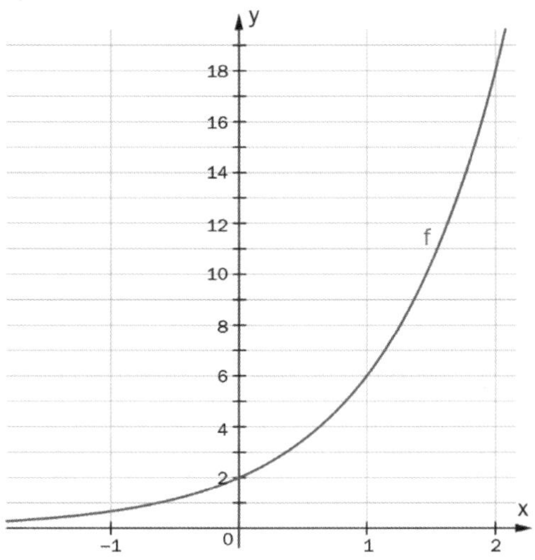

60. Die Anzahl A(t) mit $t \geq 0$ der radioaktiven Atome verändert sich jährlich nach dem Modell: **FA-R 5.3**

$$A(t) = 50\,000 \cdot 0{,}000015^t$$

Welche der folgenden Aussagen können auf Grundlage des Modells getroffen werden? Kreuze alle korrekten Schlussfolgerungen an!

Die Anzahl der Atome sinkt im Lauf der Zeit.	○
Zu Beginn waren 50 000 Atome vorhanden.	○
Jedes Jahr verändert sich die Anzahl der Atome um 0,000015 %.	○
Jedes Jahr verändert sich die Anzahl der Atome um 0,000015.	○
Die Anzahl der Atome kann laut Modell auch negativ werden.	○

61. Die Anzahl der E-Coli Bakterien wächst in 6 Stunden exponentiell wie folgt: **FA-R 5.5**

Zeit (in Stunden)	0	1	2	3	4	5	6
Anzahl der Bakterien	1	8	64	512	4096	32 768	262 144

Gib die Verdopplungszeit in Minuten an!

Verdopplungszeit: _______________ min

62. Ein Detektor misst radioaktive Strahlung (Impulse/min). **FA-R 5.5**

Die Grafik zeigt, wie sich die Impulsrate im Lauf der Zeit ändert.

Gib die Halbwertszeit in Minuten an!

_____________ min

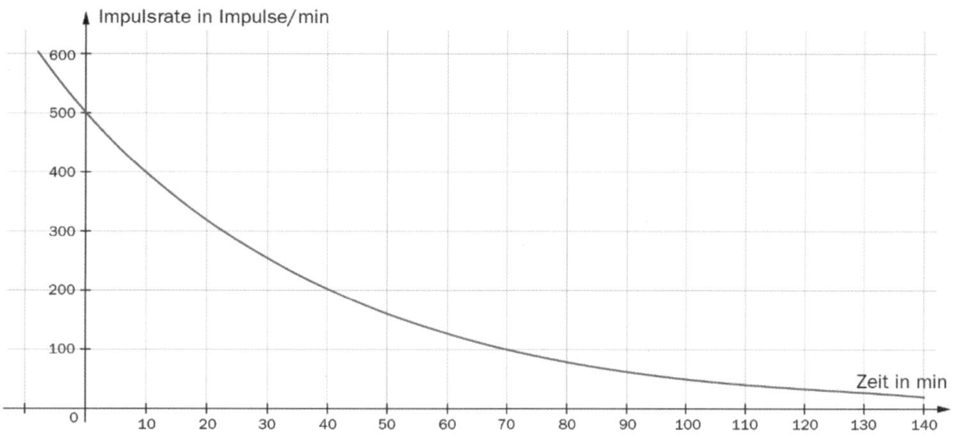

63. In der Grafik sind die Sinusfunktion f mit $f(x) = \sin x$ und eine andere Winkelfunktion g mit $g(x) = a \cdot \sin(b \cdot x)$ mit bestimmten Werten für die Parameter a und b gezeichnet: **FA-R 6.3**

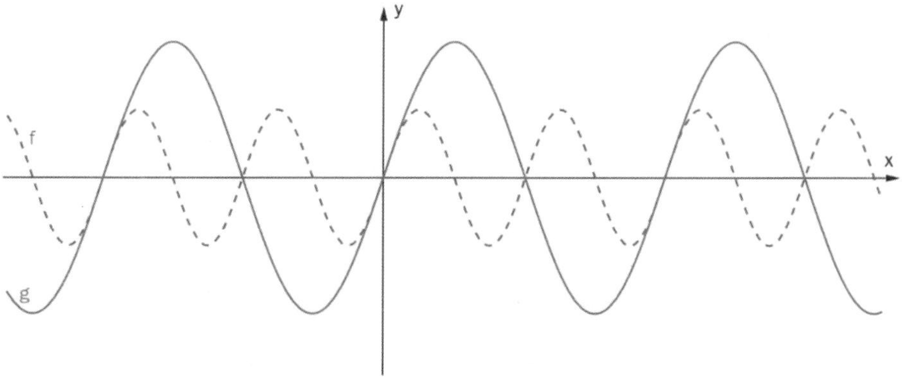

Ergänze die Textlücken im folgenden Satz durch Ankreuzen der jeweils richtigen Textbausteine so, dass eine mathematisch korrekte Aussage entsteht!

Die beiden Funktionen sind identisch, wenn a ____(1)____ und b ____(2)____ wird.

(1)	
O	verdoppelt
O	halbiert
O	nicht verändert

(2)	
O	verdoppelt
O	halbiert
O	nicht verändert

64. In der Grafik sind die Sinusfunktion f mit f(x) = sin x und eine andere Winkelfunktion g mit g(x) = a · sin(b · x) mit bestimmten Werten für die Parameter a und b gezeichnet. FA-R 6.3

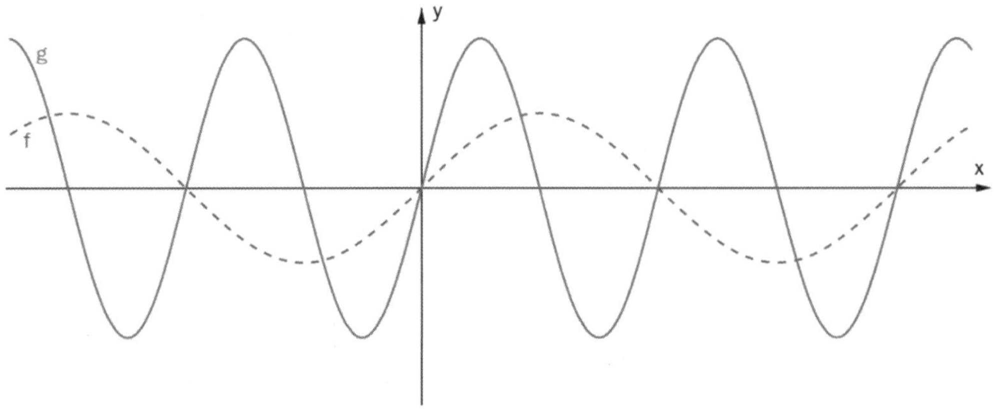

Ergänze die Textlücken im folgenden Satz durch Ankreuzen der jeweils richtigen Textbausteine so, dass eine mathematisch korrekte Aussage entsteht!

Die beiden Funktionen sind identisch, wenn a ____(1)____ und b ____(2)____ wird.

(1)	
O	verdoppelt
O	halbiert
O	nicht verändert

(2)	
O	verdoppelt
O	halbiert
O	nicht verändert

65. Gegeben ist der Graph der reellen Funktion f mit f(x) = a · sin(b · x). FA-R 6.3

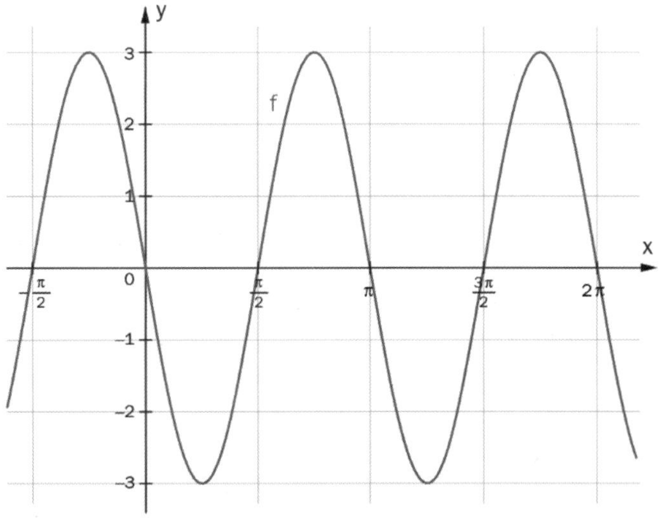

Ermittle anhand des Graphen die Werte der Parameter!

a = __________ b = __________

66. Eine harmonische Schwingung wird durch die Funktionsgleichung $y = 4 \cdot \cos(2 \cdot x)$ beschrieben. FA-R 6.3

Bei dieser Schwingung wird nur jeweils eine Eigenschaft verändert. Ordne den geforderten Eigenschaften die entsprechenden Funktionsgleichungen (aus A bis F) zu!

Doppelte Amplitude	☐	A	$y = 4 \cdot \cos(4 \cdot x)$
Doppelte Frequenz	☐	B	$y = 8 \cdot \cos(x)$
Doppelte Schwingungsdauer	☐	C	$y = 2 \cdot \cos(2 \cdot x)$
Halbe Amplitude	☐	D	$y = 8 \cdot \cos(2 \cdot x)$
		E	$y = 4 \cdot \cos(x)$
		F	$y = 8 \cdot \cos(4 \cdot x)$

67. Einige Glieder einer Zahlenfolge (x_n) sind in der Tabelle gegeben: FA-L 7.1

n	7	8	9	10
x_n	5	–5	5	–5

Entscheide, ob es sich dabei um eine arithmetische Folge, eine geometrische Folge oder keines von beiden handelt und begründe deine Entscheidung!

68. Gegeben sind explizite Darstellungen verschiedener Zahlenfolgen mit n > 0. FA-L 7.1

Kreuze die beiden Darstellungen an, die eine arithmetische Folge beschreiben!

$a_n = 3 - n$	○
$a_n = 2 \cdot \frac{1}{n} + 3$	○
$a_n = 2n^2 + 1$	○
$a_n = \frac{3n}{4}$	○
$a_n = (-2)^n$	○

69. Ergänze die Textlücken im folgenden Satz durch Ankreuzen der jeweils richtigen Textbausteine so, dass eine mathematisch korrekte Aussage entsteht! **FA-L 7.3**

Jede ___(1)___ Folge ist ___(2)___.

(1)	
O	divergente
O	konvergente
O	alternierende

(2)	
O	streng monoton fallend
O	monoton wachsend
O	beschränkt

70. Ein Organismus wird von Viren befallen, die sich eine Zeit lang exponentiell vermehren. **FA-L 8.4**

Ihre Anzahl N in Abhängigkeit von der Zeit t in Stunden kann näherungsweise durch folgende rekursive Folge modelliert werden: $N_{t+1} = N_t \cdot 1{,}3$ mit $N_0 = 500$

Kreuze diejenige(n) Aussage(n) an, die aufgrund des gegebenen Modells zutrifft / zutreffen!

Zu Beginn sind 130 Viren vorhanden.	O
Die Virenzahl nimmt pro Stunde um 30 % zu.	O
Pro Stunde steigt die Virenzahl um 130 %.	O
Die Virenanzahl zu Beginn beträgt 500.	O
Die Virenzahl steigt jede Stunde auf das 1,3-Fache.	O

Aufgaben zu den Reifeprüfungs- und Lehrplan-Grundkompetenzen

Inhaltsbereich: Analysis (AN)

71. In der Abbildung ist der Graph einer Funktion f dargestellt: **AN-R 1.1**

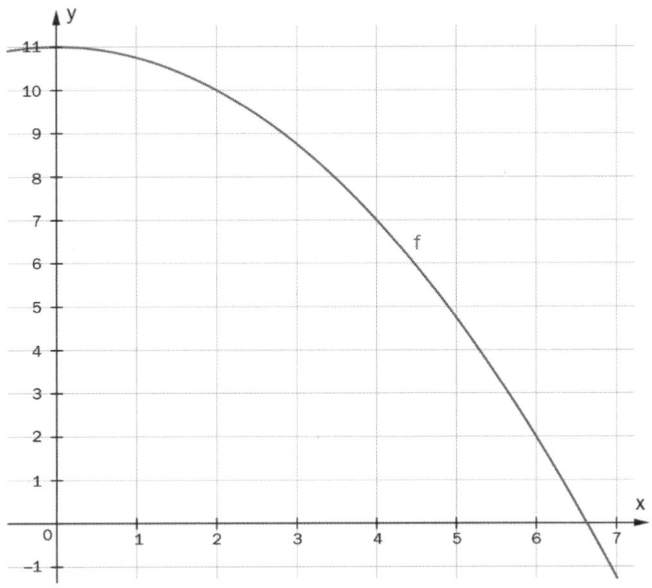

Ordne jedem Änderungsmaß den richtigen Wert (aus A bis E) zu!

Absolute Änderung von f im Intervall [2; 6]	☐	A	–0,8
Relative Änderung von f im Intervall [2; 6]	☐	B	8
Relative Änderung von f im Intervall [2; 4]	☐	C	–0,3
		D	–8
		E	0,3

72. In der Tabelle ist die Weltbevölkerung im Zeitraum von 1980 bis 2010 angegeben. **AN-R 1.1**

Jahr	1980	1990	2000	2010
Bevölkerung in Mrd.	4,45	5,32	6,13	6,92

Daten nach: Statista

Ermittle die relative Änderung der Weltbevölkerung im Zeitraum [1990; 2010], gib sie in Prozent an.

73. Ein Auto wurde im Jahr 2010 zum Preis P_0 verkauft. Das gleiche Automodell wurde im Jahr 2013 zum Preis P_3 verkauft. **AN-R 1.1**

Ergänze die Textlücken im folgenden Satz durch Ankreuzen der jeweils richtigen Textbausteine so, dass eine mathematisch korrekte Aussage entsteht!

Der Term ___(1)___ gibt die absolute Preisänderung von 2010 auf 2013 an, der Term ___(2)___ gibt die relative Preisänderung von 2010 auf 2013 an.

(1)	
O	$P_0 - P_3$
O	$\frac{P_3 - P_0}{3}$
O	$P_3 - P_0$

(2)	
O	$\frac{P_3}{P_0}$
O	$\frac{P_0 - P_3}{3}$
O	$\frac{P_3 - P_0}{P_0}$

74. Gegeben ist die Funktion f mit $f(x) = -\frac{x^2}{4} + 11.$ **AN-R 1.3**

Berechne die mittlere Änderungsrate der Funktion f im Intervall [2; 6].

75. Beim Abkühlen einer heißen Flüssigkeit verändert sich ihre Temperatur T (in °C) mit der Zeit t (in min). **AN-R 1.3**

Interpretiere den Wert des Terms $\frac{T(10) - T(5)}{10 - 5}$ in diesem Kontext!

76. Ein Stein wird zur Zeit t = 0 aus einer größeren Höhe fallen gelassen. **AN-R 1.3**

Die Funktion h(t) gibt an, wie viele Meter der Stein nach einer bestimmten Zeit t (in Sekunden) nach unten gefallen ist.

Erkläre die Bedeutung des folgenden Terms: $\frac{h(t) - h(0)}{t}$

77. Gegeben ist eine reelle Funktion h. **AN-R 1.3**

Ergänze die Textlücken im folgenden Satz durch Ankreuzen der jeweils richtigen Textbausteine so, dass eine mathematisch korrekte Aussage entsteht!

Der Differenzenquotient der Funktion h ___(1)___ kann berechnet werden durch ___(2)___.

(1)	
O	an der Stelle 5
O	an der Stelle 0
O	im Intervall [0; 5]

(2)	
O	$\frac{h(5) - h(0)}{5}$
O	$h(5) - h(0)$
O	$\frac{h(5) - h(0)}{h(0)}$

Aufgaben zu den Reifeprüfungs- und Lehrplan-Grundkompetenzen

Inhaltsbereich: Wahrscheinlichkeit und Statistik (WS)

78. Das Rechteck in einem Boxplot (Kastenschaubild) wird als Box bezeichnet. **WS-R 1.1**

Ergänze die Textlücken im folgenden Satz durch Ankreuzen der jeweils richtigen Textbausteine so, dass eine mathematisch korrekte Aussage entsteht!

Die Breite der Box ist gegeben durch ____(1)____, die senkrechte Linie innerhalb der Box ist gegeben durch ____(2)____.

	(1)
O	die Spannweite
O	die mittlere absolute Abweichung
O	den Quartilenabstand

	(2)
O	den Modalwert
O	das arithmetische Mittel
O	den Median

79. Das nebenstehende Kreisdiagramm stellt das Wahlergebnis einer politischen Wahl dar, bei der insgesamt 125 000 Stimmen abgegeben wurden. **WS-R 1.2**

Erstelle ein Säulendiagramm der absoluten Häufigkeiten der Stimmen von Partei A und Partei B anhand der vorliegenden Daten.

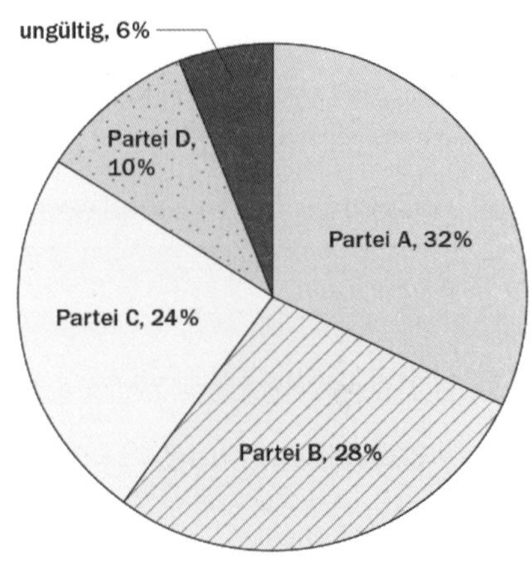

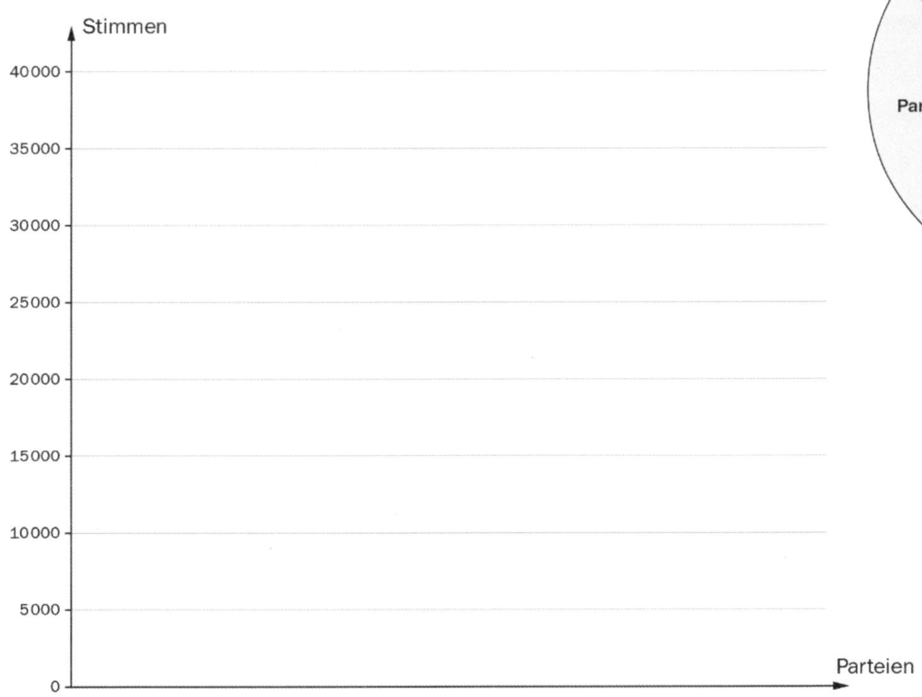

80. Ein Internet-Sport-Portal hat Daten von sechs Fußballteams erhoben, unter anderem das Alter der elf Stammspieler. **WS-R 1.2**

Ordne den angegebenen Box-Plots die entsprechenden Daten (aus A bis F) zu!

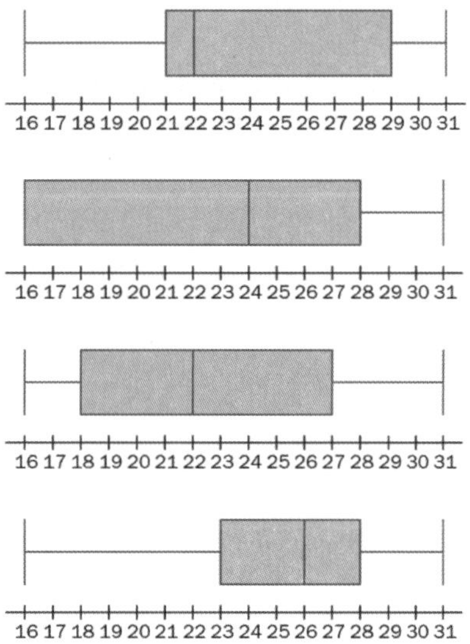

A	16	16	18	20	22	22	25	27	27	29	31
B	16	17	19	19	19	22	24	27	27	29	31
C	16	16	16	19	19	24	24	25	28	28	31
D	16	20	23	23	24	26	26	26	28	30	31
E	16	18	21	21	22	25	25	26	29	29	34
F	16	18	21	21	21	22	25	26	29	29	31

81. Eine Firma hat 20 Angestellte. **WS-R 1.3**

Aufgrund der guten Wirtschaftslage erhält jeder Angestellte eine Gehaltserhöhung um 5 %. Wie wirkt sich dies auf die statistischen Kennzahlen der Gehälter dieser Firma aus?

Kreuze alle Kennzahlen an, die sich ändern!

Median	○
arithmetisches Mittel	○
Quartilsabstand	○
Spannweite	○
Modus	○

82. Es gibt zwei Arten statistischer Kennzahlen: **WS-R 1.3**

Lageparameter beschreiben die Größe statistischer Daten, Streuparameter beschreiben ihre Streuung. Kreuze alle Lageparameter an!

arithmetisches Mittel	○
Standardabweichung	○
Median	○
Spannweite	○
Modus	○

83. Eine kleine Firma hat elf Angestellte mit folgenden Bruttomonatsgehältern (in €): **WS-R 1.3**

A	B	C	D	E	F	G	H	I	J	K
1350	1350	1470	1520	2350	2400	2590	2590	2950	3550	3920

Wie wirkt sich eine Gehaltserhöhung des Angestellten K auf die statistischen Kennzahlen dieser Bruttomonatsgehälter aus? Kreuze alle zutreffenden Aussagen an!

Der Median wird größer.	O
Das arithmetische Mittel wird größer.	O
Der Quartilsabstand bleibt gleich.	O
Die Spannweite bleibt gleich.	O
Der Median wird kleiner.	O

84. Gegeben sind verschiedene Merkmale, die der Trainer einer Fußballmannschaft regelmäßig von den Sportlern sammelt. **WS-R 1.4**

Kreuze alle Merkmale an, für die die Angabe eines arithmetischen Mittelwertes mathematisch sinnvoll ist!

Ruhepuls vor dem Training in Schlägen pro min	O
Intensität des Ausdauertrainings: 1 = leicht, 2 = mittel, 3 = intensiv, 4 = sehr intensiv	O
Trainingszeit in h	O
Trainingsziel: 1 = Ausdauer, 2 = Kraft, 3 = Technik, 4 = Teambildung	O
Blutzuckerwert nach dem Training in mg/dl	O

85. Gegeben ist eine Datenreihe $x_1, x_2, \ldots, x_n$ mit Mittelwert μ und Standardabweichung σ. **WS-R 1.4**

Ergänze die Textlücken im folgenden Satz durch Ankreuzen der jeweils richtigen Textbausteine so, dass eine mathematisch korrekte Aussage entsteht!

Wenn zu jedem Wert der Datenreihe dieselbe Zahl $a > 0$ addiert wird, dann bewirkt dies, dass der Mittelwert ____(1)____ und die Standardabweichung ____(2)____.

(1)	
O	größer wird
O	kleiner wird
O	gleich bleibt

(2)	
O	größer wird
O	kleiner wird
O	gleich bleibt

86. Sieben Schüler absolvieren einen Test. **WS-R 1.4**

Das arithmetische Mittel über alle von den Schülern erreichten Punkte ist 11. Ein achter Schüler, welcher während der ersten Testung krank war, schreibt den Test nach. Berücksichtigt man den von ihm erreichten Punktewert, erhöht sich das arithmetische Mittel auf 12.

Berechne, wie viele Punkte der achte Schüler im Test erreicht hat.

87. Beim Lotto 6 aus 45 versuchen die SpielerInnen, aus den Zahlen 1 bis 45 die richtigen 6 Gewinnzahlen zu erraten. Gewinne werden ab 3 richtig getippten Gewinnzahlen ausgezahlt. **WS-R 2.1**

Ereignis: Herr Walter hat etwas gewonnen.

Kreuze diejenige Formulierung an, die das Gegenereignis beschreibt!

Er hat keinen Sechser.	○
Er hat mindestens eine richtige Zahl.	○
Er hat einen Dreier, Vierer, Fünfer oder Sechser.	○
Er hat höchstens 3 Richtige.	○
Er hat mindestens 3 Richtige.	○
Er hat keine, eine oder zwei richtige Zahlen.	○

88. Eine Münze wird dreimal hintereinander geworfen. **WS-R 2.1**

Das Ergebnis KKZ bedeutet beispielsweise, dass bei den ersten beiden Würfen der Kopf und beim dritten Wurf die Zahl nach oben zeigt.

Die Ergebnismenge (der Grundraum) aller möglichen Ergebnisse dieses Zufallsversuchs wird mit Ω bezeichnet.

Kreuze die beiden zutreffenden Aussagen an!

Die Ergebnismenge Ω enthält 4 Elemente.	○
Die Menge {KZK, ZKK, KKZ} beschreibt das Ereignis, dass öfter Kopf als Zahl auftritt.	○
Die Menge {KKK, ZZZ} beschreibt das Ereignis, dass bei allen Würfen die gleiche Seite nach oben zeigt.	○
Die Menge {KZK} beschreibt das Ereignis, dass genau bei einem Wurf die Zahlseite nach oben zeigt.	○
Das Ereignis, dass beim dritten Wurf Kopf oben liegt, entspricht der Menge {KKK, KZK, ZKK, ZZK}.	○

89. Welche Aussagen treffen auf jeden Zufallsversuch zu? WS-R 2.1

Kreuze die richtig(n) Aussage(n) an!

Das Ergebnis eines Zufallsversuchs kann nicht vorhergesagt werden.	○
Ein Zufallsversuch, der 10 Mal unter denselben Bedingungen ausgeführt wird, kann jedes Mal dasselbe Ergebnis haben.	○
Elementarereignisse sind mögliche Ergebnisse eines Zufallsversuchs.	○
Die möglichen Ergebnisse eines Zufallsversuchs sind nicht bekannt.	○
Ein Ereignis ist dasselbe wie ein Elementarereignis.	○

90. In Wikipedia ist zu lesen: WS-R 2.2

Der Strafstoß (schweiz., auch österr. Penalty, meist als Elfmeter oder Elfer bezeichnet) beim Fußball ist eine vom Schiedsrichter verordnete Spielstrafe, die eine von einer Regelwidrigkeit benachteiligte Mannschaft in eine aussichtsreiche Position zum Torerfolg bringt. In 75 % bis 80 % der Fälle trifft der Schütze. Bei den Weltmeisterschaften liegt die Quote bei über 80 %. 90 % der Spieler schießen in eine der Ecken. (https://de.wikipedia.org/wiki/Strafsto%C3%9F unter der Lizenz CC-BY-SA 3.0 http://creativecommons.org/licenses/by-sa/3.0/legalcode (Stand: 9.12.2015))

Welche der folgenden Aussagen können auf Grundlage dieser Information getroffen werden? Kreuze die beiden richtigen Aussagen an!

Bei 75 % bis 80 % aller Spiele trifft der Schütze beim Elfmeter.	○
10 % der Spieler schießen beim Elfmeter nicht in eine Ecke.	○
Bei Weltmeisterschaften trifft der Schütze bei mehr als 80 % der Elfmeter.	○
Bei 90 % der Spiele schießt der Spieler in eine der Ecken.	○
Bei Weltmeisterschaften führen mindestens 20 % aller Elfmeter nicht zu einem Tor.	○

91. Auf einer Party wird eine Tombola veranstaltet. WS-R 2.3

Es werden 20 Lose angeboten: 4 Gewinnlose und 16 Nieten (Lose ohne Gewinn).

Kreuze die beiden zutreffenden Aussagen an!

Der Anteil der Nieten beträgt 16 %.	○
Zieht man 10 Lose hintereinander, so ist sicher ein Gewinnlos dabei.	○
Es ist möglich, 15 Nieten hintereinander zu ziehen.	○
Die Wahrscheinlichkeit, dass das erste gezogene Los ein Gewinnlos ist, beträgt 20 %.	○
Die Wahrscheinlichkeit, bei den ersten drei gezogenen Losen drei Gewinne zu erhalten, beträgt $\left(\frac{4}{20}\right)^3$.	○

92. Ein Test besteht aus 20 Multiple-Choice-Fragen. **WS-R 2.3**

Zu jeder Frage gibt es 5 Antwortmöglichkeiten, von denen jeweils eine richtig ist. Es wird vollkommen zufällig angekreuzt.

Ordne den Wahrscheinlichkeiten jeweils einen entsprechenden Term (aus A bis F) zu!

P(mindestens 1 Frage richtig)	☐	A	$1-\left(\frac{1}{5}\right)^{20}$
P(19 Fragen richtig)	☐	B	$20\cdot\left(\frac{1}{5}\right)^{19}\cdot\frac{4}{5}$
P(alle Fragen richtig)	☐	C	$\left(\frac{1}{5}\right)^{19}$
P(keine Frage richtig)	☐	D	$0{,}2^{20}$
		E	$1-0{,}8^{20}$
		F	$\left(\frac{4}{5}\right)^{20}$

93. 7 der insgesamt 100 Lose bei einer Tombola sind Gewinnlose. **WS-R 2.3**

Zwei Lose werden (ohne Zurücklegen) gezogen. Interpretiere folgende Wahrscheinlichkeit:

$0{,}07\cdot\frac{6}{99}$ ist die Wahrscheinlichkeit, dass ______________________________

94. 50 der insgesamt 500 Lose bei einer Tombola sind Gewinnlose. **WS-R 2.3**

Zwei Lose werden (ohne Zurücklegen) gezogen.

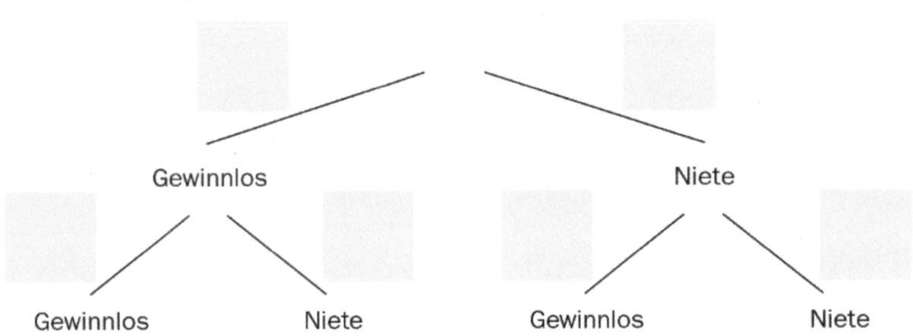

Ergänze das Baumdiagramm durch Eintragen der fehlenden Wahrscheinlichkeiten!

1. Schularbeit

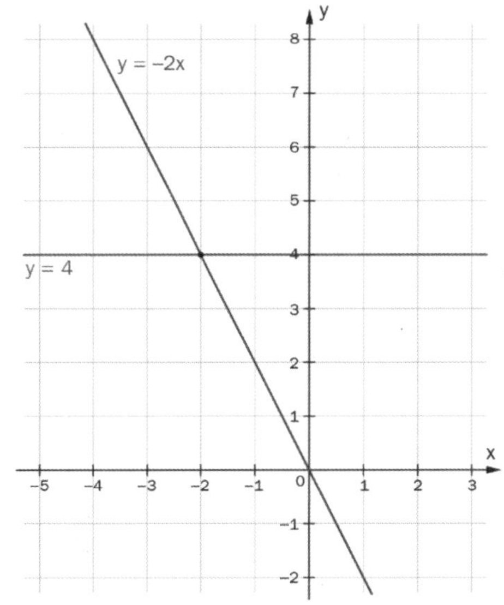

Aufgabe 8

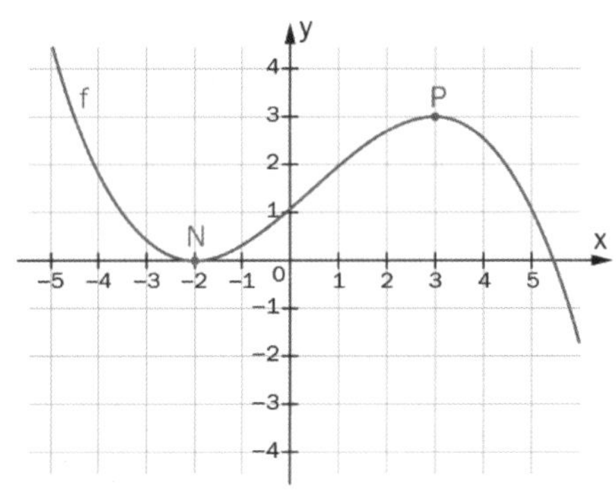

Aufgabe 12

1. Die Antworten 1, 2, 3 und 4 sind richtig.

2. Die Antworten 2 und 3 sind richtig.

3. … Logarithmus … $\log_a b$ …

4. Die Antworten 1 und 5 sind richtig.

5. D – E – B – A

6. Antwort 5 ist richtig.

7. B – D – A – C

8. Siehe Abbildung rechts: –2x > 4 bedeutet, die Gerade mit y = –2x liegt oberhalb der Geraden mit y = 4. Laut Grafik gilt das nicht für x > –2, sondern für x < –2.

9. Die Antworten 1 und 4 sind richtig.

10. Die Antworten 3 und 5 sind richtig.

11. Antwort 2 ist richtig.

12. Siehe Abbildung rechts

13. a) $L(I) = 10 \cdot \lg\left(\frac{10}{10^{-12}}\right) = 10 \cdot \lg(10^{13}) = 10 \cdot 13 = 130$ dB

Wenn die Hörschwelle 10^{-12} W/m^2 mit 10^{13} multipliziert wird, erhält man die Schallintensität der Schmerzgrenze. 1 Billion entspricht sogar nur 10^{12}. Die Aussage ist daher nicht übertrieben.

b) Einsetzen von 2 · I in die Formel und Anwendung der Rechenregeln für Logarithmen:
$L_{neu} = 10 \cdot \lg\left(\frac{2 \cdot I}{I_0}\right) = 10 \cdot \lg 2 + 10 \cdot \lg\left(\frac{I}{I_0}\right) \approx 3 + L$
d.h. die Lautstärke L steigt um 3 dB.

Ein Auto erzeugt eine bestimmte Lautstärke L. Zehn Autos empfinden wir als doppelt so laut: 2L 100 Autos sind wieder zehnmal so viele Autos, wir empfinden sie wieder als doppelt so laut, daher 2 · 2L = 4L, also viermal so laut.

14. a) pH = –lg 0,1 = –lg(10^{-1}) = 1 ⇒ Der pH-Wert ist 1.

Interpretation: Diese Lösung ist sehr sauer.

b) pH = –lg(c (H_3O^+)) ⇔ –pH = lg(c (H_3O^+)) ⇔ 10^{-pH} = c (H_3O^+)

Neutrale wässrige Lösung: pH = 7 ⇔ c (H_3O^+) = 10^{-7} Mol pro Liter

15. a) Globales Minimum: –15 cm am 29.12. um 14:40 und am 31.12. um 16:00
Globales Maximum: 100 cm am 1.1. um 9:35

Am 31.12. ist die Kurve zunächst monoton fallend und erreicht um 2:50 ein Minimum, dann ist sie monoton steigend und erreicht um 9:05 ein Maximum, dann wieder fallend bis zum Minimum um 16:00, dann wieder steigend bis zum Maximum um 22:25, dann wieder fallend, erreicht aber das Minimum erst am nächsten Tag um 3:40. Daher wird innerhalb von 25 Stunden zweimal ein Minimum und zweimal ein Maximum erreicht.

b) Die Funktionswerte wiederholen sich nicht in regelmäßigen konstant bleibenden Abständen.

Am 1.1. gegen 8 Uhr am Vormittag steigt das Wasser über 90 cm, daher ist Acqua Alta möglich.

2. Schularbeit

1. Absolute Änderung: ca. –0,4 Kinder, relative Änderung: ca. –15,4 %
2. Mittlere Geschwindigkeit in den ersten 5 Minuten in m/min; Weg, der in den ersten 5 Minuten im Mittel in 1 Minute zurückgelegt wird.
3. Relative Temperaturänderung in °C von der 5. bis zur 10. Minute in Prozent.
4. a = 5, b = 3
5. $0{,}6 = a^3 \;\Rightarrow\; a = \sqrt[3]{0{,}6} \;\Rightarrow\; 0{,}5 = \left(\sqrt[3]{0{,}6}\right)^{\tau} \;\Rightarrow\; \tau \approx 4$ Jahre (4,07 Jahre)
6. Die Antworten 1 und 5 sind richtig.
7. Die Antworten 1 und 3 sind richtig. (Hinweis: f_5 ist keine Potenzfunktion, sondern eine Polynomfunktion)
8. $p_1 = 2 \cdot \pi$, $p_2 = 1 \cdot \pi$, $p_3 = 4 \cdot \pi$
9. … $N(t) = 500 \cdot 1{,}025000^t$ … 2,5 % …
10. $(a_n) = (2; 0; 4; -4; 12; \ldots)$
11. … geometrischen Folge … der Quotient aufeinanderfolgender Glieder konstant ist …
12. Die Antworten 1, 2, 4 und 5 sind richtig.

13. **a)** Steigerung um denselben Faktor von 3,37 in jeweils Fünfjahresschritten ist eine Eigenschaft exponentiellen Wachstums.

    $P(t) = P_0 \cdot a^t$ mit $P_0 = 17{,}4$; $a \approx 3{,}37^{1/5} \approx 1{,}275 \;\Rightarrow\; P(t) \approx 17{,}4 \cdot 1{,}275^t$

    b) Von 2010 bis 2014 jeweils konstante Steigerung um etwa 42,9 GW pro Jahr, daher lineares Modell.

    Vorhersage für 2015: 412,5 GW

14. **a)** Ein Atemzyklus dauert 5 s ⇒ Atemfrequenz: 12 Atemzüge pro Minute

    Eine anstrengende Tätigkeit bewirkt, dass die Amplitude und / oder die Frequenz erhöht werden, d.h. die Werte der Parameter a und b werden größer.

    b) L beschreibt das aktive Luftvolumen in der Lunge in Abhängigkeit von der Zeit. Es wird beim Einatmen größer bis zum Maximalwert und sinkt beim Ausatmen wieder bis zum Minimum. Da die Atmung ein periodischer Vorgang ist, ändert sich auch das aktive Luftvolumen periodisch.

    Das aktive Luftvolumen hat nach 2,5 s ein Maximum, weil hier das Einatmen zu Ende ist und das Ausatmen beginnt. Dieser Übergang entspricht der Nullstelle der Atemstromstärke I.

15. **a)** Arithmetische Folge, da konstanter Zuwachs um 10 zwischen aufeinanderfolgenden Gliedern w_n und w_{n+1} der Folge vorliegt.

    $w_1 = 5$; $w_2 = w_1 + 10 = 5 + 10$; $w_3 = w_2 + 10 = 5 + 2 \cdot 10$; … $\Rightarrow w_n = 5 + (n-1) \cdot 10 = 10n - 5$

    b) Grafik: s(1), s(2), … bilden keine arithmetische Folge, weil hier kein konstanter Zuwachs vorliegt. Die Grafik zeigt s(1) = 5, s(2) = 20, s(3) = 45, für einen konstanten Zuwachs müsste aber z.B. s(3) = 35 gelten.
    Es liegt auch keine geometrische Folge vor, weil gilt: $s(2) = 4 \cdot s(1)$, aber $s(3) \neq 4 \cdot s(2)$.

    Explizit: $s(n) = 5n^2$
    Die der Folge zugehörige Funktion ist eine quadratische Funktion. Die explizite Darstellung einer arithmetischen Folge ist aber eine lineare Funktion, die explizite Darstellung einer geometrischen Folge ist eine Exponentialfunktion.

3. Schularbeit

1. Die Antworten 2, 3 und 5 sind richtig.

2. $S_{10} = (4 + 49) \cdot 5 = 265$

3. Die Antworten 3 und 4 sind richtig.

4. $\dots\ q = 1{,}015\ \dots\ K_5 = 5386{,}42\ \dots$

5. Die Antworten 1, 2 und 5 sind richtig.

6. Die Antworten 2 und 5 sind richtig.

7. Die Antworten 3, 4 und 5 sind richtig.

8. $\overrightarrow{P_G} = \vec{P} \cdot 0{,}98$

9. Der Ausdruck gibt die durchschnittliche Geschwindigkeit dieses Autos im m/s am Weg von A nach B an (Weg in m, den das Auto am Weg von A nach B durchschnittlich in 1 s zurücklegt).

10. D – E – A – F

11. $a_y = 7$

12. Die Antworten 1 und 4 sind richtig.

13. a) Linke Seite: Die erste Zahlung wird 5 Jahre lang verzinst und die nachschüssigen Ratenzahlungen entsprechend ihrer Einzahlung, d.h. die 1. Rate 9 Halbjahre lang, die 2. 8 Halbjahre lang, ..., die letzte Rate wird nicht mehr verzinst.

Rechte Seite: Der erste Summand ist gleich geblieben, die Ratenzahlungen entsprechen einer geometrischen Reihe, von der hier die Summe gebildet wird.

$q = 1{,}04;\ \ q_2 = \sqrt{q} = \sqrt{1{,}04}$

b) Um mit dem Angebot von Käufer B vergleichen zu können, muss dieses für 4 Jahre aufgezinst werden: $92\,000 \cdot 1{,}04^4 = 107\,627$ €

Da der Endwert von Angebot B höher ist als von Angebot A ist Käufer B der Vorzug zu geben.

14. Individuelle Lösungen mit selbst gewählten Vektoren

$\vec{a} \times \vec{b}$ steht normal auf $\vec{a}$ ⇒ Das skalare Produkt von $\vec{a}$ und $\vec{a} \times \vec{b}$ ist gleich 0.

15. Rechnerisch: Anwendung der Summenformel für die geometrische Reihe: $q = \frac{1}{2}$ hat Betrag < 1, daher $s = \frac{1}{1-q} = \frac{1}{1-\frac{1}{2}} = 2$

Grafisch: Das Quadrat links hat Seitenlänge 1 und Flächeninhalt 1, die rechte Hälfte ist ein gleich großes Quadrat, das immer weiter halbiert wird, die Teilflächen haben Flächeninhalte $\frac{1}{2}, \frac{1}{4}$, usw., Schritt für Schritt wird das rechte Quadrat immer mehr gefüllt. ⇒ Insgesamt nähert sich der gesamte Flächeninhalt aller Teilflächen dem Wert 2 (Flächeninhalt des gesamten Rechtecks).

16. a)

	Laufen	Radfahren	Schwimmen
Woche 1	1	2	2
Woche 2	2	2	1
Woche 3	2	1	2

127 min Laufen, 41 min Gehen

b) Median 45 Minuten ⇒ Gleich viele Trainingseinheiten für die Disziplin Radfahren dauern mindestens bzw. höchstens 45 min.

2 Möglichkeiten: kein Radfahrtraining einplanen oder 1 x 30 Minuten

4. Schularbeit

1. Z.B.: $g\colon X(t) = \begin{pmatrix}3\\2\\4\end{pmatrix} + t \cdot \begin{pmatrix}-4\\8\\-2\end{pmatrix}$

2. Z.B.: $n\colon X = t \cdot \begin{pmatrix}-1\\1\\1\end{pmatrix}$ oder jede andere passende Geradengleichung

3. Die Antworten 3 und 4 sind richtig.

4. $h_x = 2$, $h_z = 4/3$

5. … schneiden einander … die Normalvektoren nicht parallel sind …

6. Ω = { (K, K, K), (K, K, A), (K, A, K), (K, A, A), (A, K, K), (A, K, A), (A, A, K), (A, A, A) }

7. Weniger als 16 von 24 Teil-1-Aufgaben werden richtig gelöst oder eine gleichwertige Aussage.

8. … Ω = {(s, s), (s, w), (w, s), (w, w)} … jede Teilmenge des Grundraums …

9. (0,04 + 0,07 + 0,05) · 1/3 = 0,05333… ⇒ 5,3 %

10. $1 - \frac{14 \cdot 13}{26 \cdot 25} = 0{,}72$ ⇒ Die Wahrscheinlichkeit beträgt 72 %.

11. Die Antworten 1 und 5 sind richtig.

12. P(positive Wirkung | Placebo) $= \frac{60}{150} = 0{,}4$ ⇒ 40 %

13. a) $\overrightarrow{AB} = \begin{pmatrix}-3\\-3\\12\end{pmatrix}$, $\overrightarrow{BC} = \begin{pmatrix}-9\\9\\0\end{pmatrix}$

Quadrat: $\overrightarrow{AB} \cdot \overrightarrow{BC} = 0 \Rightarrow \overrightarrow{AB} \perp \overrightarrow{BC}$ und $|\overrightarrow{AB}| = |\overrightarrow{BC}| = 9 \cdot \sqrt{2}$

$D = C + \overrightarrow{BA} = (-2 \mid 4 \mid -3)$

b) Höhe steht senkrecht auf die Grundfläche, daher in Richtung des Vektors $\overrightarrow{AB} \times \overrightarrow{AC} = \begin{pmatrix}-108\\-108\\-54\end{pmatrix}$, auch jeder dazu parallele Vektor.

Fußpunkt F der Höhe ist der Mittelpunkt: $M = A + \frac{1}{2} \cdot \overrightarrow{AC} = (1 \mid -2 \mid 3)$

$\begin{pmatrix}-2\\-2\\-1\end{pmatrix} = \vec{n}$ mit $|\vec{n}| = 3 \Rightarrow h = 9 \Rightarrow \overrightarrow{FS_1} = 3 \cdot \vec{n} = \begin{pmatrix}-6\\-6\\-3\end{pmatrix}$

$S_1 = F + \overrightarrow{FS_1} = (-5 \mid -8 \mid 0)$ oder $S_2 = F - \overrightarrow{FS_1} = (7 \mid 4 \mid 6)$

14. a) Flugrouten: $\overrightarrow{AB} = \begin{pmatrix}10\\10\\0\end{pmatrix}$, $\overrightarrow{CD} = \begin{pmatrix}6\\-6\\-0{,}2\end{pmatrix}$

Die beiden Vektoren sind kein Vielfaches voneinander, daher sind die Flugrouten nicht parallel.

Der Betrag der Vektoren gibt den Weg in 1 Minute an und damit die Geschwindigkeit in km/min.
Fluglinie A: $|\overrightarrow{AB}| = 14{,}142$ ⇒ v ≈ 14,14 km/min = 848,5 km/h
Fluglinie B: $|\overrightarrow{CD}| = 8{,}4876$ ⇒ v ≈ 8,49 km/min = 509,3 km/h

b) Geradengleichungen: Fluglinie A: $X(t) = A + t \cdot \overrightarrow{AB}$, Fluglinie B: $X(s) = C + s \cdot \overrightarrow{CD}$
Beide schneiden bei s = 2 und t = 3. Die beiden Flugrouten haben einen Schnittpunkt.

Die Parameter s und t geben die Zeit in Minuten an, an denen die Flugzeuge den Schnittpunkt der beiden Routen passieren. Diese Zeit ist aber nicht gleich, die Maschine von Fluglinie A passiert diesen Punkt 1 Minute nach Fluglinie B. Daher kommt es zu keiner Kollision.

15. a)

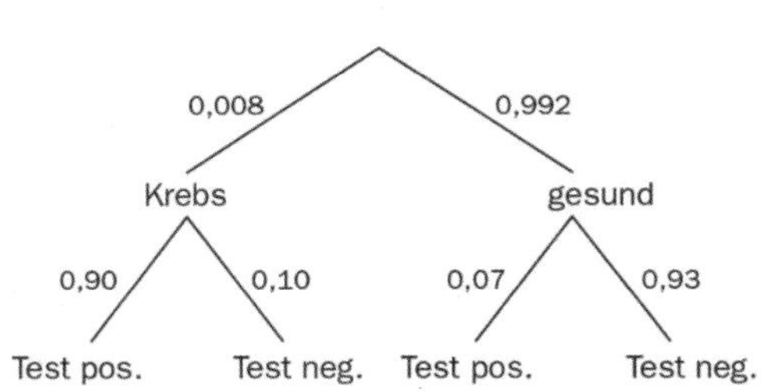

P(nicht krank und Test positiv) = $0{,}992 \cdot 0{,}07 \approx 0{,}069 \Rightarrow 6{,}9\ \%$

b) P(krank | Test positiv) $= \frac{0{,}008 \cdot 0{,}9}{0{,}008 \cdot 0{,}9 + 0{,}992 \cdot 0{,}07} \approx 0{,}0939 \Rightarrow 9{,}39\ \%$

$P(A \wedge B)$ gibt die Wahrscheinlichkeit an, dass das Ereignis A und das Ereignis B eintreten. $P(A \mid B)$ gibt eine bedingte Wahrscheinlichkeit an, d.h. die Wahrscheinlichkeit für das Ereignis A, wenn man schon weiß, dass das Ereignis B eingetreten ist.

$P(A \wedge B)$ wird berechnet, indem man z.B. bei einem Baumdiagramm das Produkt der Wahrscheinlichkeiten längs eines Pfades berechnet – siehe Frage a) P(gesund ∧ Test positiv).

Die bedingte Wahrscheinlichkeit $P(A \mid B)$ wird berechnet durch $\frac{P(A \cap B)}{P(B)}$. Ein konkretes Beispiel: P(Test positiv | gesund) gibt die Wahrscheinlichkeit an, dass bei einer nicht an Krebs erkrankten Person der Test positiv ausfällt, d.h. fälschlicherweise Krebs anzeigt, dies passiert mit 7 % Wahrscheinlichkeit.

Aufgaben zu den Grundkompetenzen

Inhaltsbereich: Algebra und Geometrie (AG)

1. Die Antworten 2 und 3 sind richtig.

2. … dividiert … subtrahiert …

3. A – C – B – F

4. … multipliziert … der Summe …

5. Die Antworten 2, 3 und 4 sind richtig.

6. Die Antworten 3 und 4 sind richtig.

7. $x = \frac{2}{5}$

8. C – F – E – A

9. –5

10. Die Antworten 1 und 5 sind richtig.

11. $48393 \cdot \frac{d}{100} < 48\,044 \cdot \frac{a}{100}$

12. C – A – D – B

13. Die Antworten 2 und 3 sind richtig.

14. Beide Seiten der Ungleichung als lineare Funktionen auffassen: f(x) = 2x + 1 und g(x) = x – 2
Der Graph von f verläuft für x ≥ –3 oberhalb des Graphen von g, daher ist die Lösung x ≥ –3.

15. x ≤ 1,5; 120 < x < 150; x ≥ 10

16. A – E – F – C

17. Z.B. $h: X = \begin{pmatrix} 1 \\ 0 \\ 0 \end{pmatrix} + t \cdot \begin{pmatrix} 0 \\ 1 \\ 3 \end{pmatrix}$ oder jede andere passende Geradengleichung

18. a = 4; b = –4

19. Die Antworten 1, 2 und 5 sind richtig.

20. P liegt nicht in der Ebene, denn für s = 2 und t = 1 stimmen die x- und y-Koordinate, aber nicht die z-Koordinate (oder andere richtige Begründungen).

21. Die Antworten 2 und 3 sind richtig.

22. Die Antworten 1, 2 und 5 sind richtig.

23. Die Antworten 1, 3, 4 und 5 sind richtig.

24. $\overrightarrow{FP} = \begin{pmatrix} 2 \\ 1 \\ 2 \end{pmatrix}$ steht senkrecht auf ε. Die Koeffizienten in der Ebenengleichung bilden einen Normalvektor der Ebene ⇒ $\overrightarrow{FP} \mathrel{\widehat{=}} \overrightarrow{n_\varepsilon}$

Inhaltsbereich: Funktionale Abhängigkeiten (FA)

25. Die Antworten 1, 3 und 4 sind richtig.

26. … x = 4 … der 1. Mediane …

27. Antwort 4 ist richtig.

28. … einen Fixpunkt … g(3) = 3 …

29. Die Antworten 2 und 3 sind richtig.

30. Antwort 1 ist richtig.

31. Nullstellen: $x_1 = -2$; $x_2 = 1$; Fixpunkte bei $x_1 = -1 \Rightarrow P_1(-1 \mid -1)$ und bei $x_2 = 3 \Rightarrow P_2(3 \mid 3)$

32. Die Antworten 3 und 4 sind richtig.

33. D – B – A – F

34. Die Antworten 1, 2, 4 und 5 sind richtig.

35. … ungerade … $f(-x) = -f(x)$

36. Die Antworten 1, 3, 4 und 5 sind richtig.

37. Die Antworten 2 und 5 sind richtig.

38. Alle Antworten sind richtig.

39. Die Antworten 1 und 5 sind richtig.

40. Die Antworten 2, 3 und 4 sind richtig.

41. Die Antworten 2 und 5 sind richtig.

42. … gerade … $f(x) = f(-x)\ \ \forall x \in D_f$ …

43. Die Antworten 4 und 5 sind richtig.

44. Möglicher Graph siehe Abbildung rechts

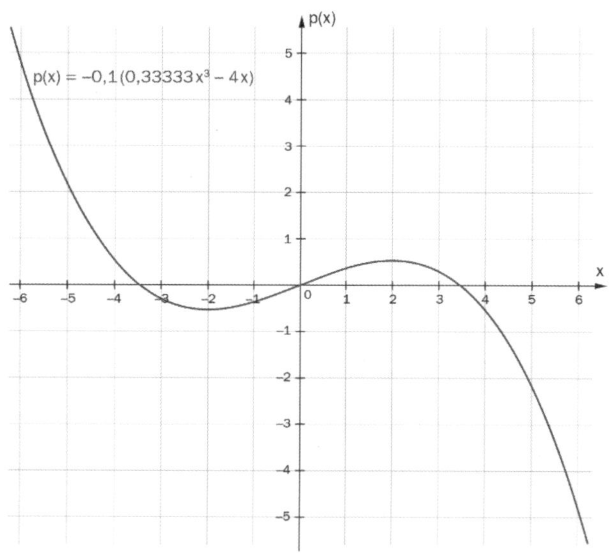

Aufgabe 44

45. $f(-x) = (-x)^4 - 10 = x^4 - 10 = f(x)$

46. Die Antworten 1, 2 und 4 sind richtig.

47. Antwort 6 ist richtig.

48. D – C – A

49. D – B – A – C

50. F – A – D – E

51. Die Antworten 3 und 5 sind richtig.

52. $f(x) = -0{,}25x^3$ oder jede andere passende Funktion

53. $f(x) = 2x^{-3}$ oder jede andere passende Funktion

54. $a = 3$; $b = -2$

55. Die Antworten 2 und 4 sind richtig.

56. Die Antworten 1, 2 und 4 sind richtig.

57. $x = -2$

58. Am Anfang sind 47 Personen infiziert. Pro Tag steigt die Anzahl der Infizierten um 3 %.

59. $a = 2$, $b = 3$

60. Die Antworten 1 und 2 sind richtig.

61. Verdopplungszeit: 20 min

62. Halbwertszeit: 30 min

63. … halbiert … verdoppelt …

64. … halbiert … halbiert …

65. $a = -3$ und $b = 2$ oder $a = 3$ und $b = -2$

66. D – A – E – C

67. Geometrische Folge, weil gilt: $a_{n+1} = a_n \cdot (-1)$

68. Die Antworten 1 und 4 sind richtig.

69. … konvergente … beschränkt …

70. Die Antworten 2, 4 und 5 sind richtig.

Inhaltsbereich: Analysis (AN)

71. D – A – C

72. $\frac{6{,}92-5{,}32}{5{,}32} \approx 0{,}3 \Rightarrow$ 30 %

73. … $P_3 - P_0$ … $\frac{P_3 - P_0}{P_0}$ …

74. $\frac{f(6)-f(2)}{6-2} = -2$

75. Der Wert des Terms gibt an, um wie viel °C die Flüssigkeit zwischen der 5. und 10. Minute pro Minute durchschnittlich abkühlt.
Oder eine äquivalente Formulierung.

76. Der Wert des Terms gibt die durchschnittliche Geschwindigkeit in m/s in den ersten t Sekunden an.
Oder: Der Wert gibt an, wie viele Meter der Stein in den ersten t Sekunden durchschnittlich pro Sekunde fällt.

77. … im Intervall [0; 5] … $\frac{h(5) - h(0)}{5}$ …

Inhaltsbereich: Wahrscheinlichkeit und Statistik (WS)

78. … der Quartilenabstand … den Median …

79. Partei A: 40 000 Stimmen; Partei B: 35 000 Stimmen

80. F – C – A – D

81. Alle Antworten sind richtig.

82. Die Antworten 1, 3 und 5 sind richtig.

83. Die Antworten 2 und 3 sind richtig.

84. Die Antworten 1, 3 und 5 sind richtig.

85. … größer wird ... gleich bleibt …

86. 8 · 12 – 7 · 11 = 19

87. Antwort 6 ist richtig.

88. Die Antworten 3 und 5 sind richtig.

89. Die Antworten 1, 2 und 3 sind richtig.

90. Die Antworten 2 und 3 sind richtig.

91. Die Antworten 3 und 4 sind richtig.

92. E – B – D – F

93. … 2 Gewinnlose gezogen werden.

94. Siehe Abbildung rechts

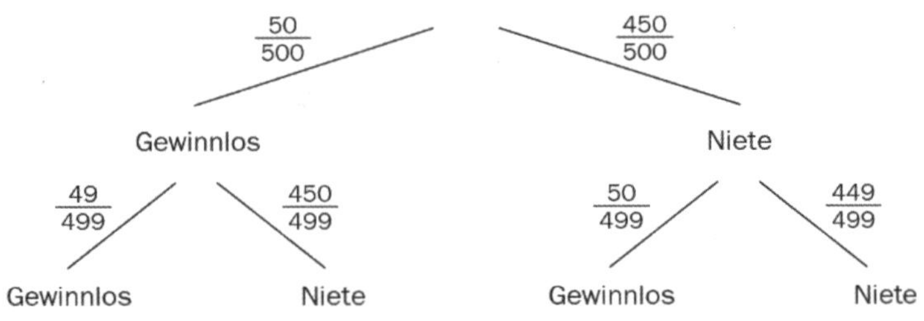

Aufgabe 94

